U0272448

中国建设工程质量检测行业发展报告

中国建筑业协会质量管理与监督检测分会　编著

科学出版社

北　京

内 容 简 介

本书是建设工程质量检测行业的发展报告，旨在通过专业、全面、系统、深入的调研，总结和阐述中国建设工程质量检测行业的发展现状、面临的机遇与挑战，以及未来的发展趋势。

本书分为三篇，分别是建设工程质量检测行业基本态势与发展对策、建设工程质量检测行业主要地区发展状况、建设工程质量检测机构统计分析。本书通过对调研数据的收集、整理和分析，揭示了建设工程质量检测行业的现状和发展的趋势，力求为行业相关各方提供全面、准确的信息参考，同时对行业的未来发展提出展望，强调加强技术创新、规范市场秩序及提升检测人员素质的重要性，为行业相关部门提供决策参考，助力建设工程质量检测行业健康可持续发展，推动建设工程质量检测行业迈向更高水平。

本书可供建设行业主管部门、建设工程质量监督检测机构、质量检测行业的从业人员学习使用，也可供相关专业科研人员和管理人员参考使用。

图书在版编目（CIP）数据

中国建设工程质量检测行业发展报告/中国建筑业协会质量管理与监督检测分会编著. —北京：科学出版社，2024.11
ISBN 978-7-03-077925-0

Ⅰ. ①中… Ⅱ. ①中… Ⅲ. ①建筑工程-质量检验-研究报告-中国 Ⅳ. ①TU712

中国国家版本馆 CIP 数据核字（2024）第 031078 号

责任编辑：付 娇 董雅乔 / 责任校对：马英菊
责任印制：吕春珉 / 封面设计：宋 卉

科学出版社 出版
北京东黄城根北街 16 号
邮政编码：100717
http://www.sciencep.com

北京中科印刷有限公司印刷
科学出版社发行 各地新华书店经销
*
2024 年 11 月第 一 版 开本：787×1092 1/16
2024 年 11 月第一次印刷 印张：13
字数：308 000
定价：138.00 元
（如有印装质量问题，我社负责调换）
销售部电话 010-62136230 编辑部电话 010-62135120

本书编委会

编委会主任： 刘锦章

编委会副主任： 王秀兰　王　昭　张　毅　李晓棠　卢彬彬

编委会委员（按姓氏笔画排序）：

万冬君　王振国　王晓魁　尤　完　邓　浩

曲媛媛　乔永平　向　健　刘　凯　刘利军

安贵仓　杜思义　李新忠　杨如箐　杨秀云

肖立波　何　磊　沈　伟　张　勇　幸超群

林兆雄　周　雄　赵来兵　姜英洲　顾剑英

徐建军　高贵平　桑卫京　黄　俭　康　飞

梁　曦　韩跃红　赖梅林　裴　哲　魏成娟

编写组成员（按姓氏笔画排序）：

王　超　王　燚　王佳佳　王泽锋　王殿海

毛　峰　方剑琅　乐嘉鲁　刘　银　刘明亮

刘祥民　许　震　杨泽颖　汪　慧　张元朔

陈　功　陈奕柳　林　鹏　易胜军　周艳平

胡　隽　贾　丽　曹明明　续若楠　蒋　喆

翟红霞　蹇诗俊

编写统筹： 王　昭　曲媛媛　吴　洁　李思琦

主编单位： 中国建筑业协会质量管理与监督检测分会

参编单位： 北京市建设工程安全质量监督总站

天津市建设工程质量检测试验行业协会

天津市建筑工程质量检测中心有限公司

上海市建设工程检测行业协会

重庆市建设工程质量协会

河北省建设工程质量研究会

内蒙古自治区建设工程质量安全技术服务中心

黑龙江省建设工程监测中心

山东省建设工程质量安全中心

江苏省建设工程质量监督总站

安徽省建设行业质量与安全协会

浙江省工程建设质量管理协会检测分会

福建省建筑科学研究院有限责任公司

江西省城镇发展服务中心

河南省建设工程质量监督总站

河南省建设工程质量监督检测行业协会

湖北省建设工程质量安全监督总站

湖南省建设工程质量安全协会

广东省建设工程质量安全检测和鉴定协会

广西壮族自治区建设工程质量安全管理站

海南省建设工程质量安全监督管理局

云南省工程检测协会

贵州省建设工程质量检测协会

贵州永兴建设工程质量检测有限公司

四川省建设工程质量安全总站

陕西省建设工程质量安全监督总站

甘肃土木工程科学研究院有限公司

宁夏回族自治区建设工程质量安全总站

新疆维吾尔自治区建设工程质量协会

新疆生产建设兵团建设工程质量和安全总站

北京建筑大学

广州粤建三和软件股份有限公司

北京筑业志远软件开发有限公司

建研院检测中心有限公司

天津津贝尔建筑工程试验检测技术有限公司

重庆市建设工程质量检验测试中心有限公司

重庆华盛检测技术有限公司

辽宁省建设科学研究公司有限责任公司

江苏省建筑工程质量检测中心

浙江省建设工程质量检验站有限公司

同济检测（济宁）有限公司

河南省基本建设科学实验研究院有限公司

河南省建筑工程质量检验测试中心站有限公司

湖北省建筑工程质量监督检验测试中心有限公司

葛洲坝集团试验检测有限公司

武汉中科岩土工程技术培训有限公司

湖南联智科技股份有限公司

湖南省建设工程质量检测中心有限责任公司

广西壮族自治区建筑工程质量检测中心有限公司

前　言

建筑工程质量事关人民生命财产安全，事关城市未来和传承，事关新型城镇化发展水平。党的十八大以来，以习近平同志为核心的党中央高度重视建筑工程质量工作，始终坚持以人民为中心，部署建设质量强国，特别是党的二十大提出"增进民生福祉，提高人民生活品质"的任务要求，不断增强人民群众获得感、幸福感、安全感。建设工程质量检测是工程质量的"试金石"，是衡量工程质量水平的"秤砣"，对保障建设工程质量具有极其重要的作用。改革开放 40 多年来，伴随着建筑业的崛起和发展，建设工程质量检测行业从无到有，逐渐壮大。建设工程质量检测已经成为控制工程质量的重要环节和政府工程质量监管的重要手段，对保障建设工程质量发挥着越来越重要的作用。

为全面系统地总结与回顾建设工程质量检测行业发展历程，充分彰显行业取得的辉煌成就，并深入研判行业未来的发展趋势，2022 年以来，中国建筑业协会质量管理与监督检测分会深入行业开展调研，收集整理了大量行业数据和案例，并在此基础上编写了本书。本书从我国建设工程质量检测行业的发展历程、政策环境、市场规模、结构和竞争格局等方面进行了详细的分析，揭示了行业内的现状与存在的问题；探讨了行业的技术创新与发展趋势，包括检测技术的不断进步和新型检测需求的涌现；分析了行业当前面临的挑战和机遇，如市场竞争加剧、技术壁垒提高等；最后对我国建设工程质量检测行业的未来发展进行了展望。

本书对于了解我国建设工程质量检测行业的发展状况，开展相关的学术研究具有一定的借鉴价值。可为相关行业主管部门、企业和学术界提供参考，并可供建设行政主管部门、建设工程质量监督机构、行业从业人员和管理人员等学习使用。

本书在制定编写方案、收集相关数据、撰写及审稿的过程中，得到了中国建筑业协会领导的关心和指导，得到了有关行业专家，各省、自治区、直辖市工程质量监督总站（队、局、中心），新疆生产建设兵团建设工程质量和安全总站，有关行业协会以及各会员单位的积极支持和密切配合，在此表示衷心的感谢。

限于编著者水平，本书不足之处在所难免，敬请广大读者批评指正。

本书编委会

2024 年 10 月

目 录

第一篇 建设工程质量检测行业基本态势与发展对策

第1章 绪论 ··· 3
1.1 基本概念和服务内容 ··· 3
1.2 建设工程质量检测行业的技术经济特征 ················· 4
1.3 建设工程质量检测的重要作用 ······························ 5
第2章 建设工程质量检测行业基本情况 ·························· 7
2.1 行业现状 ·· 7
2.2 行业发展历程 ·· 7
2.3 管理体制 ··· 10
2.4 管理制度 ··· 12
第3章 建设工程质量检测行业发展取得的成效 ············· 16
3.1 行业发展态势良好,转型升级步伐加快 ················· 16
3.2 市场主体多元发展,行业集约化势头初现 ············· 16
3.3 信用体系逐步完善,市场环境持续优化 ················· 16
3.4 行业规模不断扩大,地区发展各有特点 ················· 17
第4章 建设工程质量检测行业发展存在的问题和原因分析 ··· 19
4.1 存在的主要问题 ··· 19
4.2 原因分析 ··· 21
第5章 建设工程质量检测行业发展思路与对策 ············· 24
5.1 行业发展的原则和基本思路 ································· 24
5.2 行业发展对策 ·· 24

第二篇 建设工程质量检测行业主要地区发展状况

第6章 北京市建设工程质量检测行业发展状况 ············· 31
6.1 概况 ··· 31
6.2 行业特点 ··· 36
6.3 经验和典型做法 ··· 36
6.4 存在的问题或障碍 ·· 37
6.5 措施和建议 ··· 38

第7章 天津市建设工程质量检测行业发展状况 ·········· 40
　　7.1　概况 ··· 40
　　7.2　行业特点 ··· 44
　　7.3　经验和典型做法 ·· 45
　　7.4　存在的问题或障碍 ·· 45
　　7.5　措施和建议 ·· 46
第8章 上海市建设工程质量检测行业发展状况 ·········· 48
　　8.1　概况 ··· 48
　　8.2　经验和典型做法 ·· 51
　　8.3　措施和建议 ·· 52
第9章 重庆市建设工程质量检测行业发展状况 ·········· 54
　　9.1　概况 ··· 54
　　9.2　行业特点 ··· 55
　　9.3　经验和典型做法 ·· 56
　　9.4　存在的问题或障碍 ·· 57
　　9.5　措施和建议 ·· 58
第10章 黑龙江省建设工程质量检测行业发展状况 ······· 59
　　10.1　概况 ·· 59
　　10.2　行业特点 ·· 60
　　10.3　存在的问题或障碍 ·· 63
　　10.4　措施和建议 ·· 64
第11章 山东省建设工程质量检测行业发展状况 ·········· 66
　　11.1　概况 ·· 66
　　11.2　行业特点 ·· 72
　　11.3　经验和典型做法 ·· 72
　　11.4　存在的问题或障碍 ·· 78
　　11.5　措施和建议 ·· 79
第12章 江苏省建设工程质量检测行业发展状况 ·········· 81
　　12.1　概况 ·· 81
　　12.2　行业特点 ·· 86
　　12.3　经验和典型做法 ·· 86
　　12.4　存在的问题或障碍 ·· 87
　　12.5　措施和建议 ·· 88
第13章 浙江省建设工程质量检测行业发展状况 ·········· 89
　　13.1　概况 ·· 89
　　13.2　行业特点 ·· 94
　　13.3　经验和典型做法 ·· 95
　　13.4　存在的问题或障碍 ·· 96

　　13.5　措施和建议 ··· 97

第 14 章　河南省建设工程质量检测行业发展状况 ················· 99
　　14.1　概况 ··· 99
　　14.2　管理措施 ·· 100
　　14.3　经验和典型做法 ·· 101
　　14.4　呈现的特点 ·· 102
　　14.5　存在的问题、困难及建议 ·· 103

第 15 章　湖北省建设工程质量检测行业发展状况 ················· 105
　　15.1　概况 ·· 105
　　15.2　行业特点 ·· 108
　　15.3　经验和典型做法 ·· 109
　　15.4　存在的问题或障碍 ·· 110
　　15.5　措施和建议 ·· 111

第 16 章　广东省建设工程质量检测行业发展状况 ················· 112
　　16.1　概况 ·· 112
　　16.2　行业特点 ·· 118
　　16.3　经验和典型做法 ·· 118
　　16.4　存在的问题或障碍 ·· 119
　　16.5　措施和建议 ·· 120

第 17 章　广西壮族自治区建设工程质量检测行业发展状况 ········ 121
　　17.1　概况 ·· 121
　　17.2　存在的问题 ·· 125
　　17.3　监管措施 ·· 126
　　17.4　措施和建议 ·· 128

第 18 章　四川省建设工程质量检测行业发展状况 ················· 130
　　18.1　概况 ·· 130
　　18.2　行业管理的重点措施成果 ·· 130
　　18.3　发展状况及特点分析 ·· 131
　　18.4　存在的问题或障碍 ·· 133
　　18.5　措施和建议 ·· 134

第 19 章　陕西省建设工程质量检测行业发展状况 ················· 135
　　19.1　概况 ·· 135
　　19.2　存在的问题或障碍 ·· 138
　　19.3　促进行业良性发展的对策及建议 ······································ 140

第 20 章　宁夏回族自治区建设工程质量检测行业发展状况 ········ 142
　　20.1　概况 ·· 142
　　20.2　行业特点 ·· 143
　　20.3　经验和典型做法 ·· 144

20.4 存在的问题或障碍 ··· 145

20.5 措施和建议 ··· 146

第三篇 建设工程质量检测机构统计分析

第21章 建设工程质量检测机构资质资源状况 ···················· 149

21.1 资金规模 ··· 149

21.2 资质证书状况 ··· 152

21.3 机构资源状况 ··· 154

第22章 建设工程质量检测机构运行状况 ························· 157

22.1 业务状况 ··· 157

22.2 研究开发活动 ··· 165

22.3 服务和客户 ··· 168

22.4 跨地域发展情况 ··· 169

22.5 互联网＋质量检测开展情况 ···································· 170

附录 I 相关法律、法规及规范性文件节选 ···························· 171

附录 II 部分地区加强建设工程质量检测行业管理的经验做法 ········· 181

附录 III 部分地区建设工程质量检测机构规模情况 ··················· 190

第一篇

建设工程质量检测行业基本态势与发展对策

第1章 绪 论

1.1 基本概念和服务内容

1.1.1 建设工程质量检测行业概念

建设工程质量检测（以下简称质量检测）是指在新建、扩建、改建房屋建筑和市政基础设施工程活动中，建设工程质量检测机构（以下简称检测机构）接受委托，依据国家相关法律、法规和标准，对建设工程中涉及结构安全、主要使用功能的检测项目，进入施工现场的建筑材料、建筑构配件、设备，以及工程实体质量等进行的检测。质量检测具有很强的技术性和专业性，通过质量检测活动辅助和加强工程质量管理，是建设工程质量管理体系的重要组成部分。

1.1.2 服务内容

依据《建设工程质量检测管理办法》（中华人民共和国住房和城乡建设部令第57号）（附录Ⅰ）（以下简称《管理办法》），检测机构根据具备的资质类别，对建筑材料及构配件、主体结构及装饰装修、钢结构、地基基础、建筑节能、建筑幕墙、市政工程材料、道路工程、桥梁及地下工程等施行质量检测。

从检测对象看，建设工程质量检测服务包括以下九个方面。

（1）建筑材料及构配件。检测项目包括：水泥；钢筋（含焊接与机械连接）；骨料、集料；砖、砌块、瓦、墙板；混凝土及拌合用水；混凝土外加剂；混凝土掺合料；砂浆；土；防水材料及防水密封材料；瓷砖及石材；塑料及金属管材；预制混凝土构件；预应力钢绞线；预应力混凝土用锚具夹具及连接器；预应力混凝土用波纹管；材料中有害物质；建筑消能减震装置；建筑隔震装置；铝塑复合板；木材料及构配件；加固材料；焊接材料。

（2）主体结构及装饰装修。检测项目包括：混凝土结构构件强度、砌体结构构件强度；钢筋及保护层厚度；植筋锚固力；构件位置和尺寸（涵盖砌体、混凝土、木结构）；外观质量及内部缺陷；装配式混凝土结构节点；结构构件性能（涵盖砌体、混凝土、木结构）；装饰装修工程；室内环境污染物。

（3）钢结构。检测项目包括：钢材及焊接材料；焊缝；钢结构防腐及防火涂装；高强度螺栓及普通紧固件；构件位置与尺寸；结构构件性能；金属屋面。

（4）地基基础。检测项目包括：地基及复合地基；桩的承载力；桩身完整性；锚杆抗拔承载力；地下连续墙。

（5）建筑节能。检测项目包括：保温、绝热材料；黏接材料；增强加固材料；保温砂浆；抹面材料；隔热型材；建筑外窗；节能工程；电线电缆；反射隔热材料；供暖通风空调节能工程用材料、构件和设备；配电与照明节能工程用材料、构件和设备；可再生能源应用系统。

（6）建筑幕墙。检测项目包括：密封胶；幕墙玻璃；幕墙。

（7）市政工程材料。检测项目包括：土、无机结合稳定材料；土工合成材料；掺合料（粉煤灰、钢渣）；沥青及乳化沥青；沥青混合料用粗集料、细集料、矿粉、木质素纤维；沥青混合料；路面砖及路缘石；检查井盖、水箅、混凝土模块、防撞墩、隔离墩；水泥；骨料、集料；钢筋（含焊接与机械连接）；外加剂；砂浆；混凝土；防水材料及防水密封材料；水；石灰；石材；螺栓、锚具夹具及连接器。

（8）道路工程。检测项目包括：沥青混合料路面；基层及底基层；土路基；排水管道工程；水泥混凝土路面。

（9）桥梁与地下工程。检测项目包括：桥梁结构与构件；隧道主体结构；桥梁及附属物；桥梁支座；桥梁伸缩装置；隧道环境；人行天桥及地下通道；综合管廊主体结构；涵洞主体结构。

1.2 建设工程质量检测行业的技术经济特征

建设工程质量检测行业是生产性服务业的重要组成部分。2014 年发布《国务院关于加快发展生产性服务业促进产业结构调整升级的指导意见》（国发〔2014〕26 号），把检验检测作为我国生产性服务业的重点发展内容之一，提出"要加快发展第三方检验检测认证服务，鼓励不同所有制检验检测认证机构平等参与市场竞争，不断增强权威性和公信力，为提高产品质量提供有力的支持保障服务"。《中华人民共和国国民经济和社会发展第十四个五年规划和 2035 年远景目标纲要》明确提出"聚焦提高产业创新力，加快发展研发设计、工业设计、商务咨询、检验检测认证等服务"。

生产性服务业是知识、技术密集型产业。伴随着物质产品生产部门技术、工艺的不断改进以及最终用户需求的日益复杂化、个性化，现代生产性服务业急需借助高新科技成果和现代管理流程来为生产部门提供高知识、高技术含量的服务产品。具体到建设工程质量检测行业来看，具有以下技术经济特征。

第一，产业关联性。生产性服务业是社会化分工的结果。建设工程质量检测行业依附于建筑业，贯穿于建筑生产过程的上、中、下游各环节。在这一过程中，质量检测服务与建筑设计、材料、部配件生产、建造施工等环节的融合不断加强，在建筑业服务中起着重要作用。生产性服务业是为生产者提供服务的行业，与其他产业关联度大。在整个建筑产业链中，上、中、下游各种服务相互关联、相互依存，质量检测服务与建筑业上游材料和部配件提供、中游建造施工、下游最终产品提供和消费密不可分。

第二，市场需求衍生性。建设工程质量检测行业作为建筑行业的一个延伸性行业，对建筑行业有较强的依附性。在我国经济快速发展进程中，房地产、市政工程、公共交通工程等建设量均位居世界前列，带动了建设工程质量检测行业市场规模的迅速扩大。"十四五"期间，建筑业从追求高速增长转向追求高质量发展，从"量"的扩张转向"质"

的提升，建筑行业进入低速增长的稳定成熟期，既有建设工程的保有量越来越大。未来较长时期内，由于自有缺陷、改造、灾害、使用寿命、环境等因素影响，既有建设工程的维护、改造、加固需求将大幅增长，对既有建设工程的检测、鉴定、评估等综合技术服务市场需求也将同步大幅增长。

建设工程质量检测行业需求的衍生性还体现在技术创新方面，其主要依靠行业外的新兴技术扩散。"双碳"目标的实施以及新型建筑材料、建筑技术、建造方式的出现等建筑行业发展新趋势，引发了建设工程质量检测行业技术、工艺、设施设备的创新，检测技术快速发展，建设工程质量检测行业出现了钢结构、桥梁、建筑起重机械设备、建筑智能设备、建筑电气设备、建筑节能及装配式模块化建筑检测等各类新型检测需求。建筑领域相关行业不断实现技术创新，推动建设工程质量检测行业整体技术发展，成为质量检测行业增长的原动力。

第三，知识技术密集性。工程技术服务业作为知识和技术密集型行业，以先进科技、专业人才为主要生产要素，行业的服务内容、服务过程、服务活动以脑力劳动和智力型服务为基础，以高技术特别是检测技术和信息技术为支撑，以技术应用和传播为服务过程，注重以知识和技术提高服务的科技含量，具有高知识技术密集度的特征。

我国建筑业、制造业及其他相关行业技术创新能力不断增强，推动工程质量检测的技术手段大幅度提高，先进的技术、工艺、设备不断被应用到检测服务领域，产生了新的技术标准和检测方法，提升了检测服务能力，扩大了质量检测服务领域。大量新的检测技术和仪器逐步被运用于检测业务，如激光技术被用于断面检测，探地雷达技术被用于地基质量检测等。

建设工程质量检测新技术的应用带来了新的检测项目和业务，而建设工程质量检测市场需求的扩大，也对检测机构人员素质和设备能力的提升提出了更高要求，质量检测队伍将日趋专业化，除了拥有技术能力强、资金实力雄厚、品牌效应显著的龙头企业，行业中还涌现出大量服务"利基市场"的"专精特新"中小企业，建设工程质量检测市场将逐步进入高质量发展的良性循环。

1.3　建设工程质量检测的重要作用

在我国经济社会快速发展、城市化日益加速的进程中，工程建设规模迅速扩大，工程质量稳步提升，基础设施日益完善，人民居住条件显著提高。建筑工程质量始终处于受控状态，重大工程质量事故总体上能被有效遏制，涌现出一大批技术先进、质量过硬的精品工程。工程质量是建设工程项目的生命，质量检测是保障工程质量的重要手段和技术基础，是工程质量监督管理的重要内容，也是各级建设行政主管部门用以加强工程质量管理、防止质量事故及开展事故后处理的重要和有效措施之一。工程质量检测活动基于真实可靠的数据和严格规范的检测过程，向社会出具客观、准确、公正的检测报告，用于工程建设全过程，为工程的建设、监理、勘察、设计、施工等相关责任主体以及建设行政主管部门、质量监督部门提供评价、鉴定、监管的依据。

1. 开展建设工程质量评估，为行业高质量发展提供保证

工程质量检测是建设工程全过程质量管理的有效手段，可以有效控制建设材料、设备和工程实体的质量，杜绝材料和设备设施不合格带来的质量隐患；在施工各阶段对主体结构、分部分项工程进行检测，保障工程实体结构质量。同时，质量检测机构根据国家在工程建设质量方面的规范性文件和设计标准，对建设工程进行全方位的检测，获得科学合理有效的数据，这些数据和信息为设计单位提供具体量化的参考依据，为监理单位提供质量控制和监测依据，有助于施工单位科学组织施工，建设单位控制工程造价、优化资源配置。检测机构出具的质量检测报告是在大量工程数据基础上形成的书面报告，反映了工程建造过程符合设计规范的程度，是工程质量验收的基础，为工程质量评定提供了重要依据。

2. 推广新技术、新材料及新工艺

随着现阶段我国工程技术的不断发展，越来越多的新技术、新材料及新工艺被应用于实际工程的施工建设过程。在做好建筑材料、工艺、技术质量检测的基础上，推进其持续研发和快速迭代，提高整个工程的技术水平，有利于新工艺与新技术的推广与运用，推动工程建设领域在技术、材料及工艺等方面的创新。

3. 控制工程成本，提高工程建设项目经济效益

在施工过程中开展质量检测，可以及时剔除不合格的材料和设备，企业内部实验室能在建设工程的各个阶段及时发现问题，减少返工重修次数，实现材料和机器设备的最大程度利用，控制工程成本，提高建设资金使用效率。

4. 减少施工现场事故，提高施工过程安全性

工程的建造是危险系数较高的工作，存在诸多安全隐患，如用电安全隐患、高空坠物隐患以及特殊材料的易燃隐患等，一旦发生事故，会对施工人员的生命安全以及财产安全造成不可挽回的损失，也会影响工程进度。质量检测通过对施工现场进行考核检查，可以及时发现施工过程中存在的安全问题，及时进行整改，加强对安全隐患的预防，减少人员伤亡、财产损失。

第2章 建设工程质量检测行业基本情况

2.1 行业现状

作为建筑行业的一个重要组成部分,建设工程质量检测行业历经 40 余年,从以政府为主导的监督检测部门发展到如今的社会化检测机构,从政府主导经营发展到检测机构服务市场化,行业规模、机构数量、从业人员、技术水平都获得了快速增长。

为全面回顾总结建设工程质量检测行业发展历程,展示行业发展成就,探讨行业发展趋势,2022 年初中国建筑业协会质量管理与监督检测分会在全国范围内开展了建设工程质量检测机构数据调研。参与本次调研的建设工程质量检测机构数量为 2773 家,其中,注册资本在 500 万元以下的机构 1669 家,500 万~1000 万元的机构 595 家,1000 万元及以上的机构 509 家。按性质划分,企业性质的机构 2442 家,占比 88.06%,事业单位转企业性质的机构 234 家,占比 8.44%,事业单位性质的机构 97 家,占比仅为 3.50%;通过高新技术企业认定评审的机构占总数的 20.95%。所有机构的总面积为 7318594m²,其中,面积在 1000m² 及以上的机构 1891 家,实验室面积在 1000m² 及以上的机构 1312 家。机构所拥有的全部仪器设备数量为 1113846 台,拥有 500 台及以上仪器的机构 618 家。检测机构人员总数在 300 人及以上的机构 31 家。

所有机构的专业技术人员总数为 88985 人,其中,拥有专业技术人员超过 20 人的机构 1985 家;拥有高级职称 14710 人,拥有中级职称 32556 人,拥有初级职称 24839 人,拥有其他执业注册资格的技术人员 16880 人;研究生及以上学历的技术人员有 7976 人,大学本科学历的技术人员有 56287 人;开展信息化管理的机构占比为 68.21%。

2019~2021 年,检测机构共出具检测报告 2.16 亿份;行业利润总额约 115 亿元;关于跨地域发展情况,55.3%的机构主要服务地都在所在地市内,30%左右在所在省内,在全国范围开展业务的机构只占 5.5%;检测服务方式多为固定实验室+便携设备现场检测,占比 86.1%;有 9.6%的机构通过互联网开展检测业务。

建设工程质量检测行业从形成发展到今天,检测机构数量不断增多,规模不断变大,检测手段不断提高,检测设备和检测环境不断得到改善,检测行业的综合能力有了很大的提升。

2.2 行业发展历程

我国建设工程质量检测行业伴随经济增长、市场化进程和建筑行业的发展而逐步壮大,其发展主要经历了以下四个阶段。

2.2.1　萌芽期（1983 年以前）

这一时期的工程质量检测业务多由企业内部试验室承担。在计划经济体制下，政府对工程建设项目参建各方采取单向行政管理，建设单位、施工单位是行政管理部门计划指令的执行者，质量检测仅仅是施工企业质量保证体系的一个组成部分，建设工程质量主要通过建筑施工企业自身管理、约束和控制，其工程质量检测工作往往由企业自己的试验室来完成。企业试验室属于第一方试验室，即企业为了保证自身产品质量而设立的试验室，由于这类检测机构缺乏独立性，工程质量检测数据缺乏公正性、科学性，且检测内容单一，检测手段和方法简单，自身地位的附属性限制了这类检测机构在规模、技术力量上的竞争力。但这一时期企业试验室在工程质量检测实践中获得了一定的检测能力，为其后来走向市场、承担社会化检测职能奠定了技术和人才基础。

2.2.2　成长期（1983～2000 年）

20 世纪 80 年代到 90 年代末，我国进入改革开放时期，工程建设活动发生了一系列的重大变化，投资主体逐步多元化，施工企业摆脱了行政附属地位，开始向独立的商品生产者转变。工程建设参与者之间的经济关系得到强化，追求自身利益的趋势日益突出。从属施工企业内部的检测试验室缺乏工作独立性，无法保证质量检测工作的公正性，建设工程中存在的粗制滥造、偷工减料的现象未能通过检测手段及时被发现，使带有严重质量隐患的工程投入使用。

我国相继发布《建筑工程质量监督条例（试行）》、《关于建立"建筑工程质量检测中心"的通知》和《建筑工程质量检测工作规定》（城建字〔85〕580 号）等规范性文件，对建筑工程质量检测工作作出了明确的规定。检测机构按照行政区划设置为国家级、省级、市级和县级检测机构，这样的设置使检测机构成为第三方质量检测机构，改变了检测机构的地位，明确了检测机构的权利和义务，一定程度上保证了检测机构出具的检测报告真实有效。

这一时期质量检测机构的显著特征是质量监管与检测一体化。承担一定行政职能的检测机构，明显带有较浓的行政色彩，使检测工作不仅具有行政封闭性，而且具有地区保护性。1996 年，为进一步加强建设工程质量检测工作，《建设部关于加强工程质量检测工作的若干意见》（建设部〔1996〕208 号），明确要求新设置的市、县的检测机构宜设在当地质量监管机构之中，不宜再单独设立。同时也明确规定，企业内部土建试验室达到一级试验资质条件并经省建设行政主管部门批准，可以承担社会委托的检测任务。这样的管理体制改革，使各地检测机构能充分利用质量监管机构的地位和作用迅速发展，检测机构的自身建设得以迅速加强、检测内容不断扩大、检测手段更趋科学，检测机构的综合实力大幅度提升。

这一时期检测机构主要有内部实验室、教学科研性质的实验室和监督检测室。这三种形式的机构按照所属部门的类型进行运作，还没有形成独立企业运作的理念。由于没有独立的法人地位，检测机构无法因出具错误甚至虚假的检测报告而独立承担民事责任，且由于检测机构承担监督职能，使其长期处在受政策保护的状态，技术水平难以提高，服务意识差，同行业竞争能力弱，容易滋生腐败，不利于工程质量责任的落实。

2.2.3　繁荣期（2000～2017 年）

2000 年《建设工程质量管理条例》（国务院令第 279 号）的发布，从法律的高度确立了建设工程质量管理工作的地位和作用，为进一步改革和完善我国建设工程质量管理体系明确了方向。各省也相继出台了管理条例、规范，例如江苏省颁布了《江苏省建筑市场管理条例》，首次以管理条例的形式明确了建设工程质量检测机构为中介服务机构，改革了检测机构性质，明确了质量检测行业发展的方向，各类主体投资建立的检测机构应运而生。

建设工程质量管理、质量检测管理领域国家层面和行业层面法律法规的相继出台，以及质量检测机构法人主体地位的确立，不仅标志着建设工程质量检测作为建筑行业细分市场的出现，也迎来了细分行业规模的扩大和市场竞争的加剧，进而推动了行业技术能力、整体竞争优势的提升。根据《建设工程质量管理条例》、《建设工程质量检测管理办法》（中华人民共和国建设部令第 141 号）[以下简称《管理办法》（建设部令第 141 号）]等规定，工程项目建设单位必须委托具有相应资质的检测机构，对涉及结构安全项目进行抽样检测和对进入施工现场的建筑材料、构配件进行见证取样检测。工程项目质量检测作为法律法规的强制性要求，成为工程技术服务行业一个必然的细分行业。一部分政府投资兼有一定行政职能的检测机构通过体制改革改制，走上了市场化道路，成为具有独立法人资格、独立承担民事责任的检测机构。科研院所和高校随着事业单位体制改革，不断加大检测业务资金投入，将其作为主业发展，并相继转型为第三方独立法人检测机构，这些检测机构依靠原来国家科研投入的优势，在技术力量、人才储备、设施设备和办公场地方面有着独特的竞争优势。

2.2.4　高质量发展期（2017 年以来）

2017 年 10 月召开的党的十九大报告指出："我国经济已由高速增长阶段转向高质量发展阶段，正处在转变发展方式、优化经济结构、转换增长动力的攻关期，建设现代化经济体系是跨越关口的迫切要求和我国发展的战略目标。"2017 年 12 月，习近平总书记在中央经济工作会议上进一步阐述高质量发展的内涵："高质量发展，就是能够很好满足人民日益增长的美好生活需要的发展，是体现新发展理念的发展，是创新成为第一动力、协调成为内生特点、绿色成为普遍形态、开放成为必由之路、共享成为根本目的的发展"，确立了"创新、协调、绿色、开放、共享"的高质量发展观。建筑业的高质量发展包含规模增长、经济效益提升、产业结构优化、可持续发展能力提升以及建筑业产品与流程质量的提升等多方面的内容，其中，建筑产品及其生产过程的质量提升是行业高质量发展的重要目标。

2023 年 3 月起施行的《管理办法》及住房和城乡建设部制定的《建设工程质量检测机构资质标准》（以下简称《资质标准》），从调整建设工程质量检测范围及资质分类、强化检测参数评审和资质动态管理、提高技术人员要求、加强设备场所考核、规范建设工程质量检测活动、完善建设工程质量检测责任体系、提高数字化应用水平、加强政府监督管理、加大违法违规行为处罚力度等多个方面进一步强化建设工程质量检测管理，维护建设工程质量检测市场秩序，规范建设工程质量检测行为，促进建设工程质量检测行业健康发展，保障建设工程质量。

随着城镇化的推进、房地产市场和城市轨道交通的发展，质量检测的市场需求不断增加，质量检测行业发展空间进一步扩大，整体发展态势良好。从行业规模来看，机构数、行业产值、检测报告数量、从业人员等都逐年增长，作为经济发展技术支撑的检测机构的发展空间巨大。

市场参与主体多元化发展。一是民营检测机构逐步崛起，从 30 年前的凤毛麟角到 2021 年底已达 1700 多家，占比 60% 以上，其从业人员、出具检测报告的数量占比都已经超过全国质量检测市场总量的一半，营业收入占比 30% 以上；二是产业链参与主体多元化，除了检测机构、检测设备供应商、检测系统提供商等主体外，行业中涌现出技术服务、机构培训等第三方服务提供商，进一步助推行业高质量发展。

行业综合技术能力进一步提升。从取得资质证书情况看，具备检验检测机构资质认定证书（CMA①）的机构有 2750 家，占比 99.17%；具有建设工程质量检测机构资质证书的机构有 2691 家，占比 97.04%；具有实验室、检验机构认可证书（CNAS②）的机构有 226 家，占比 8.15%。从研究开发活动来看，2021 年检测机构参与省部级以上科研项目 506 项，参与标准修订 2893 项，其中国家标准 951 项、行业标准 1105 项、地方标准 837 项；拥有研究开发人员总数 15751 人，占技术人员总数的 15.38%。

2.3 管理体制

行业管理体制是指行业中经济活动参与主体之间的责权关系及其实现形式。行业管理体制包括三个层面：一是行业管理组织机构的设置，即管理机构的设置、管理范围及其协调；二是行业管理的具体内容与目标，根据现代政府治理理念，政府主管部门监管目标应是实现经济效益和社会效益的平衡；三是行业管理的方式与手段，即采用何种方法对行业参与主体的行为进行规范、约束和监管，以及这些措施对市场主体的影响。行业管理组织机构作为行业管理的实施主体，通过相应的管理方式对职责范围内的管理内容进行合理监管，从而构成了行业宏观调控的基础。

2.3.1 行业管理机构

《管理办法》指出，国务院住房和城乡建设主管部门负责全国建设工程质量检测活动的监督管理。县级以上地方人民政府住房和城乡建设主管部门负责本行政区域内建设工程质量检测活动的监督管理，可以委托所属的建设工程质量监督机构具体实施。

在建设工程质量检测行业的管理体系中，中国建筑业协会质量管理与监督检测分会作为介于政府与市场之间的社会组织，既为政府宏观调控服务，又为企业和市场的微观

---

① CMA，全称为 China Inspection Body and Laboratory Mandatory Approval，是检验检测机构资质认定标志。

② CNAS，全称为 China National Accreditation Service for Conformity Assesment，即中国合格评定国家认可委员会。

运行服务。协会通过发挥其社会组织优势，协调组织工程建设、质量监督、检测领域的企事业单位、科研院所、大专院校，调动行业力量解决行业经济、技术的共性问题，在建设主管部门与各类检测机构之间起到桥梁和纽带的作用。建设主管部门与行业协会科学分工、优势互补，形成以建设主管部门为主、行业协会为辅的管理体制，共同履行行业内的管理职能，将政府管理行业的行政职能同协会的组织职能有机结合，在从业人员管理、技术能力提升、信用信誉约束等方面加以规范，从而实现有效的行业管理。

2.3.2　管理内容

现阶段我国建设主管部门对建筑业的管理内容包括建筑业企业与个人的资质许可审批、建设活动的投资监管、建筑业产品的价格调控以及质量安全、质量监管等。建筑业行业监管主要有审批、备案、报告等方式，此外还包括建筑行政主管部门定期和不定期的各类检查、抽查，如建筑市场检查、质量安全检查等，并依据法律法规等对市场违法违规问题进行相应的行政处罚。

行业准入和资质管理是质量检测行业市场监管的主要方式。根据《管理办法》，检测机构是具有独立法人资格的企业、事业单位，或者依法设立的合伙企业，并具备相应的人员、仪器设备、检测场所、质量保证体系等条件。省、自治区、直辖市人民政府住房和城乡建设主管部门负责本行政区域内检测机构的资质许可，应当按照《管理办法》取得建设工程质量检测机构资质（以下简称检测机构资质），并在资质许可的范围内从事建设工程质量检测活动。未取得相应资质证书的，不得承担《管理办法》规定的建设工程质量检测业务。

对检测活动的管理，包括检测机构和从业人员的行为要求、检测报告、检测数据的规范性和真实性等。

对检测活动的监督管理，根据《管理办法》，县级以上地方人民政府住房和城乡建设主管部门负责本行政区域内建设工程质量检测活动的监督管理，可以委托所属的建设工程质量监督机构具体实施。对检测机构实行动态监管，通过"双随机、一公开"等方式开展监督检查，加强建设工程质量监督抽测。

在加大对违法违规行为的处罚力度方面，主管部门对检测机构作出处罚后，应当将相关单位和人员受到处罚的信息予以公开，实行守信激励和失信惩戒制度。构成犯罪的，依法追究刑事责任。对无资质检测、超资质检测、弄虚作假申请资质、出具虚假检测报告等行为，依法追究检测机构和检测人员的责任。

2.3.3　管理方式

自 2015 年国务院提出实行"放管服"改革以来，政府职能得到进一步优化：一方面简政放权，降低准入门槛，创新监管，促进公平竞争；另一方面着力提升服务效能，营造便利营商环境，建设人民满意的服务型政府。随着"放管服"改革进一步深化，在着力培育和激发市场主体活力基础上，政府部门坚持放管结合、放管并重，守住质量和安全底线的监管责任，把有效监管作为简政放权的必要保障。

在"放管服"改革背景下，建设工程质量检测行业不断创新管理方式，《管理办法》

明确要求县级以上人民政府住房和城乡建设主管部门应当加强对建设工程质量检测活动的监督管理,建立建设工程检测监管系统,提升信息化监管水平,加强建设工程质量检测过程管控,实行动态监管、增加抽测等监管方式。放管结合,提升服务效能,将监管和服务有机结合,运用行政、法律、经济、技术等多元化手段,加强对行业发展的规范、指导和服务,推动质量检测行业的发展和进步。质量管理与监督检测分会作为检测行业监管职能的有机组成部分,充分发挥信息技术优势,为政府主管部门和企业提供高效能服务。

2.4 管理制度

健全的法律法规体系是行业管理的制度基础。建设工程质量检测行业的发展过程,是国家、行业、地方各个层面法规、规章、标准逐步完善的过程。

2.4.1 国家层面的法律、法规及标准

1983 年 5 月,城乡建设环境保护部和国家标准局联合颁发了《建筑工程质量监督条例(试行)》,要求检测机构应在城乡建设主管部门的领导和标准化管理部门的指导下,把质量检测工作作为建筑工程质量监督的重要手段,逐步建立起了政府建设工程质量监督管理制度。

对检测机构及其权责的规定:1985 年,城乡建设环境保护部发布了《建筑工程质量检测工作的规定》,明确规定了检测机构的组成、任务及检测工作的权限和责任。根据此规定,全国检测机构由国家级、省级、地区(市)级以及县级的检测机构组成。国家级检测中心除完成各类委托、认证、仲裁、监督的检测任务外,还负有"参与建筑新结构、新技术、新产品的重大科技成果鉴定;承担重大建筑工程的技术审定;统一全国建筑工程质量检测方法,主持或参与有关国家标准的编制修订工作;对地方建筑工程质量检测工作进行技术指导,组织技术培训,提供国内外检测方面的信息"的责任。各省(自治区、直辖市)级检测中心除完成本地区委托、仲裁、监督的检测任务外,还参与本地区结构安全、建筑功能的技术评价和工程质量事故处理;参与科技成果鉴定;参与标准规范的制修订工作及对地、市、县检测工作的技术指导等。1988 年制定的《建筑企业、混凝土构件厂试验室定级管理办法(暂行)》,明确企业一、二级试验室可以承接社会委托的检测工作。

对检测活动的规定:从 1985 年到 2000 年,为了不断加强对建筑工程质量检测工作的管理,建设部发布了一系列的相关文件,如《工程桩动测单位资质管理办法》(建建〔1993〕418 号)、《关于加强工程质量检测工作的若干意见》(建监〔1996〕208 号)、《建筑施工企业试验室管理规定》(建监〔1996〕488 号)、《房屋建筑工程和市政基础设施工程实行见证取样和送检的规定》(建建〔2000〕211 号)等。这些文件对加强建筑工程质量检测工作的管理,起到了很好的指导作用。与此同时,建设部委托国家建筑工程检测中心组织实施的全国桩基动测检测资质的考核,对加强工程桩动测市场的管理,提高工程桩动测人员的素质,保证工程桩动测的质量和桩基工程质量起到了重要的作用。

随着我国社会主义市场经济的深入推进和建筑行业的不断发展，一些行政法规不能适应经济社会发展的客观需要，有的已被新的法律、行政法规所代替。2000 年起，建设部对行政法规、规章等规范性文件进行全面清理。2001 年，建设部发布《关于废止〈建设工程质量监督管理规定〉等 11 件规范性文件的通知》（建法〔2001〕143 号），《工程桩动测单位资质管理办法》《建筑施工企业试验室管理规定》都被废止。2003 年，根据《中华人民共和国行政许可法》的规定，与检测工作相关的《建筑工程质量检测工作规定》《关于加强工程质量检测工作的若干意见》《房屋建筑工程和市政基础设施工程实行见证取样和送检的规定》等文件也都陆续被列入废止的范围。与此同时，建设部按照《国务院对确需保留的行政审批项目设定行政许可的决定》（国务院 412 号令）和《中华人民共和国行政许可法》第十二条"下列事项可以设定行政许可……（四）直接关系公共安全、人身健康、生命财产安全的重要设备、设施、产品、物品，需要按照技术标准、技术规范，通过检验、检测、检疫等方式进行审定的事项"的规定，在符合《中华人民共和国建筑法》、《建设工程质量管理条例》等法律法规的基础上，对建设部可以保留行政审批权限的工程质量检测管理做了明确规定。

1997 年 11 月《中华人民共和国建筑法》正式颁布，后经 2011 年、2019 年两次修订，作为建筑领域最高法，《中华人民共和国建筑法》规定了建筑工程参与主体，如建设单位、勘察设计单位、施工单位的质量责任和义务，规定从事建筑活动的单位推行质量体系认证制度、竣工验收制度、质量保修制度。2000 年 1 月《建设工程质量管理条例》发布，后于 2017 年、2019 年两次修订。上述两部法律法规对工程质量检验作出了明确规定，促进了建设、公路水运、水利水电等工程质量检测行业管理体系的完善与规范，为建筑行业在新发展阶段奠定了法律基础。

为了加强对建设工程质量检测机构的管理，促使检测机构的社会化、检测工作的市场化和法治化，保证建设工程检测市场的稳定发展，2000 年 9 月 26 日建设部发布了《房屋建筑工程和市政基础设施工程实行见证取样和送检的规定》（建建〔2000〕211 号），细化了《建筑工程质量管理条例》中的见证取样规定。2005 年 9 月 28 日建设部发布了《管理办法》（建设部令第 141 号），对地基基础工程检测、主体结构工程现场检测、建筑幕墙工程检测、钢结构工程检测等 4 项专项检测和见证取样检测资质管理作出了规定，并特别提出了建设单位"委托质量检测业务"的要求。《管理办法》（建设部令第 141 号）在检测机构法律地位、建设主管部门实施监督检查的措施以及对不合格项目的报告处理上都做了明确的规定。至此，建设行业实质上已经建立起了施工单位自检、监理单位平行检验、建设单位抽检的三方检测体系。

随着建筑业的快速发展，建设工程质量检测行业规模逐渐壮大，检测技术力量逐步增强，但与此同时，建设工程质量检测行业检测机构定位与实际要求不适应、检测范围不符合检测实际需求、检测责任主体覆盖不全、检测机构信息化应用水平低、违法违规成本低等问题日益凸显，部分检测机构恶性竞争、竞相压价，甚至违规出具虚假检测报告，给工程埋下了质量隐患。2023 年 3 月起施行的《管理办法》与 2023 年 4 月配套发布实施的《资质标准》，在完善建设工程质量检测内涵及监管机制，明确检测适用范围，加大处罚力度，扩充检测市场主体类型，严格规范检测行为，强化资质管理，优化审批流程方面提出了更高的要求，旨在进一步强化建设工程质量检测资质管理，提高检测机构技术能力，促进建设工程质量检测行业健康发展，保障建设工程质量。

在技术标准方面，逐步形成了包括国家标准、行业标准、地方标准在内的一系列标准，如《房屋建筑和市政基础设施工程质量检测技术管理规范》（GB 50618－2011）、《建筑工程检测试验技术管理规范》（JGJ 190－2010）、《城市轨道交通结构工程检测技术标准》（DB11/T 2126－2023）、《房屋结构检测与鉴定操作规程》（DB11/T 849－2021）、《天津市绿色建筑检测技术标准》（DB/T 29-304－2022）、《预制混凝土构件质量检验标准（京津冀）》（DB13（J）/T 8404－2021）、《建筑材料智能化检测技术规程》（DBJ/T 15-227－2021）、《基桩承载力自平衡法测试技术规程》（DBJ/T 45-031－2016）等。

2.4.2　地方性法规及规范性文件

由于建设工程质量检测行业全国性法规较少，因此地方性法规就成为本地区质量检测行业管理的重要手段。各地围绕党和国家政策、法规，结合本地区的实际情况，积极开展实施性政策法规制定，在国家法律、行政法规框架下，发挥地方性法规灵活性大、针对性强、融合度高的特点，使国家法律法规的规定更有针对性地解决本地问题，更具可执行性和可操作性，有效保证了国家层面的法律、行政法规在本行政区域内的贯彻执行。

2016 年 1 月 1 日开始实施的《北京市建设工程质量条例》（附录Ⅰ），明确了检测机构的质量检测责任，采取罚款、暂停承接检测业务以及吊销资质证书等多种处罚方式，确保涉及工程质量检测的主要违法行为均有相应的惩治措施，改变违法违规成本过低的问题，推动了本地区建设工程质量的持续提升。

山东省为规范建设工程质量检测市场秩序，逐步构建了多维度全方位的行业监督管理体系。其中，《山东省房屋建筑和市政工程质量监督管理办法》（省政府令第 308 号）（附录Ⅰ）明确了建设工程质量检测机构的合同备案义务和罚则；《山东省房屋建筑和市政基础设施工程检测信用管理办法》夯实了对从业机构和人员的信用管理基础；《山东省房屋建筑和市政基础设施工程见证取样和送检管理规定》强化了对见证取样送检和检测工作的规范性要求。

2022 年山东省发布了两个技术导则：一是《山东省建设工程质量检测能力验证技术导则》，该导则聚焦提升检测机构水平，为能力验证工作的开展提供了有力的技术支撑和工作依据；二是《山东省工程质量检测实验室规范化建设应用技术导则》，该导则紧盯检测机构硬件建设，为企业打造高水平实验室提供了充分的技术支撑。《中国建设报》在头版位置上，对这两个技术导则的颁布实施进行了宣传报道。

为规范建设工程质量检测机构资质、规范房屋建筑和市政基础设施工程质量检测活动，根据《中华人民共和国建筑法》《建设工程质量管理条例》《管理办法》（建设部令第 141 号）等法律、法规、规章，结合浙江省实际，浙江省住房和城乡建设厅颁布了《浙江省房屋建筑和市政基础设施工程质量检测管理实施办法》（浙建〔2020〕2 号）（附录Ⅰ），对检验检测机构资质及资质证书、检测合同、检测费用、检测记录等相关问题作出了详细规定。

江苏省重视工程质量检测工作的法规制度建设，构建了多层级的检测制度体系。在省级层面,江苏省先后出台了一系列政府规章和规范性文件,如:《江苏省房屋建筑和市政基础设施工程质量监督管理办法》(省政府令第 89 号),进一步明确工程质量检测机构的质量责任,并设置相应罚则,完善工程质量检测监管的法治基础;《江苏省建设工程质量检测管理实施细则》,保证建设部令第 141 号在江苏省更好地落地执行;《关于改变我省建设工程质量见证取样检测委托方有关事项的通知》,明确由建设单位委托检测,解决了原来由施工单位委托检测导致的责任不清问题;《关于实行建设工程质量检测综合报告制度的通知》,着力解决检测责任落实问题;等等。在市级层面,各地根据实际制定了一系列地方性法规和政策文件,如:无锡和苏州分别发布了《无锡市建设工程质量管理条例》和《苏州市建设工程质量管理办法》,进一步明确了工程质量检测机构的质量责任;盐城、扬州、昆山等市发布了《关于进一步加强建设工程质量检测机构监督管理工作的通知》,进一步强化当地的工程质量检测管理工作。其他各地也均结合地方实际出台了相应的管理文件。

2006 年陕西省建设厅按照建设部令第 141 号的精神下发了《关于贯彻落实建设部〈建设工程质量检测管理办法〉的实施意见》(陕建发〔2006〕107 号),结合陕西省实际,将建设部令第 141 号规定的检测业务内容由两大类五项扩充到两大类十四项,并对检测机构所需主要检测设备、检测人员、申请程序等内容进行了细化和明确,为检测机构转变为具有独立法人资格的中介机构并全面走向市场化提供了法律依据和政策保证。随后,面对检测机构数量不断增加、市场竞争日益激烈和建设工程量下降等诸多因素,为了逐步规范检测机构的检测活动和检测人员的考核管理,调动监管效能,强化监督管理,陕西省建设工程质量安全监督总站自 2009 年至 2016 年相继下发了《关于进一步加强全省建设工程质量检测管理的通知》(陕建监总发〔2009〕034 号)和《关于印发〈陕西省建设工程质量检验报告用表及现场检测报告编制统一规定〉(试行)的通知》(陕建监总发〔2012〕47 号)等八份规范性文件,逐步形成了部门规章、规范性法律文件和行业规定三级政策体系。

第3章 建设工程质量检测行业发展取得的成效

3.1 行业发展态势良好，转型升级步伐加快

住房和城乡建设部以建筑工程品质提升为主线，以技术进步为支撑，持续完善建设工程质量保障体系，推动建设工程质量检测行业的发展。2017年以来行业机构数、行业产值、报告数量、从业人员等的增速都保持在 7%~14%。民营检测机构逐步崛起，到2021年底，民营检测机构数已达1700多家，占全行业机构总数的60%以上。从业人员、出具报告数量都占全国质量检测市场的77.4%，营业收入占比57.8%。

数字经济发展和建筑产业工业化、绿色化、智能化进程加快，为质量检测行业带来了新的发展机遇和挑战。装配式建筑、绿色建筑、建筑信息化等新型建造技术和管理方式的出现，推动质量检测行业向智能化、集约化转型，不断扩大研发和创新投入，加大高技术人才引进，加快上云上平台步伐，以国家战略规划和客户需求为导向，以技术创新为支撑，通过政、产、学、研、用相结合，推动行业转型升级。

3.2 市场主体多元发展，行业集约化势头初现

根据本次行业调研数据，从机构数量看，国企、民企、事业单位、科研院所检测机构中民营企业在数量上占据显著优势，大型企业、国有企业在检测能力、技术发展方面发挥的产业链引领作用日益增强，不同类型市场主体在市场中竞争合作的协同效应初步显现。全行业主营业收入在3000万元以上的机构数量只占全行业机构总数的13.56%，但营业收入占比达48.7%。一批规模大、水平高、能力强的工程质量检测品牌正在加快成长，在引领行业高质量发展、带动产业链现代化转型中发挥着重要作用。

3.3 信用体系逐步完善，市场环境持续优化

建立和完善检测市场信用体系是健全社会信用体系的重要组成部分，是整顿和规范建筑市场秩序的治本举措，也是建筑检测行业改革和发展的重要保证。适应新时代检测市场需要，中国建筑业协会质量管理与监督检测分会通过建设并持续完善"建设工程质量检测机构信用评价服务平台"，定期发布"建筑业 AAA 级信用企业（检测机构）名单"，引领行业信用体系建设，发挥信用诚信体系在提升行业发展质量中的作用。各地区通过检测机构信誉评级、信用登记差别化管理等制度，借助信用监管信息化平台，不断完善行业信用体系建设，提升行业信用水平，推进检测质量逐年提升，市场环境持续优化。

3.4　行业规模不断扩大，地区发展各有特点

从业务发展状况来看，质量检测行业规模呈现出稳定扩大的趋势，表现在检测报告数量、营业收入、利润、研发投入等指标持续稳定增长。行业规模增长的同时，各地区发展呈现出不同的态势和特点。

根据国家统计局区域划分标准，我国的经济区域划分为东部、中部、西部和东北四大地区。其中，东部地区包括北京、天津、河北、山东、上海、江苏、浙江、福建、广东和海南；中部地区包括山西、安徽、江西、河南、湖北和湖南；西部地区包括内蒙古、重庆、四川、贵州、云南、广西、西藏、陕西、甘肃、青海、宁夏和新疆；东北地区包括辽宁、吉林和黑龙江。基于以上的划分方式，分别分析各区域行业发展状况。

3.4.1　东部地区

东部地区的检测行业自 1980 年从建筑施工企业内部实验室和大专院校及科研院所的实验室起步，经过几十年时间与建筑业同步发展，检测内容由少到多，检测机构规模由小到大，业务范围由单一的建筑材料检测到综合检测，产值规模不断增大，检测装备和检测环境不断发展，综合检测能力大大提高。2021 年，东部地区共有 1348 家检测机构参与了调研，在这些检测机构中，浙江省检测机构数量的占比最大，其次是广东省，第三是山东省，这 3 省的检测机构数量之和占东部地区检测机构总数的比例超过一半。特别是近年来随着国家"放服管"政策的落地，检测市场的进一步开放，以及主管部门对检测行业的重视和经济发展、市场化程度的领先，激发了各类市场主体投入检测行业的热情，东部地区省市建设工程质量检测行业的发展走在了全国前列。

3.4.2　中部地区

中部地区各省市建设工程质量检测行业发展参差不齐，大致可分为两个梯队：第一梯队是河南省、湖北省和湖南省，这些省份检测机构数量多，增长速度快；第二梯队是安徽省、山西省和江西省，这些省份检测行业发展较为缓慢，面临检测人员数量不足、专业水平低、检测设备相对落后、检测业务单一等困难。因此，如何缩小区域发展差距，如何引进并留住人才，如何在经营成本和检测质量之间找到最佳的平衡点，是中部地区未来行业发展亟须解决的问题。

3.4.3　西部地区

随着社会经济的调整和转型升级发展，西部地区建筑行业也在不断发生变革，建设工程质量检测机构作为保障建设工程质量的第三方服务机构迅速发展，在行业发展变革期也面临着巨大的挑战。西部地区参与这次调研的机构共 858 家，其中，四川省检测机构数量占比最大，为 35.31%，其后依次是重庆市、广西壮族自治区、新疆维吾尔自治区。近年来，西部地区检测机构数量和高端技术人才正逐步增加，质量检测行业正进入稳步发展轨道，但检测技术水平和综合能力有待进一步提升。

3.4.4 东北地区

2021年东北地区共有109家建设工程质量检测机构参与了统计,从业人员合计2167人。在这些检测机构中,黑龙江省检测机构数量占比最大。109家检测机构均具有检验检测机构资质认定证书、建设工程质量检测机构资质证书和实验室、检验机构认可证书。随着经济体制改革力度加大,对外开放也迈出新步伐,经济增速加快,建设工程质量检测机构事业单位占比逐渐减小,2021年检测机构事业单位转企业7家,占比6.42%。从业务状况看,东北地区检测机构2021年投入的研发经费是2020年的近4倍,营业收入、利润总额也呈增长趋势。但在东北地区整体市场经济下行的大环境下,对比其他发达地区,检测市场规模相对较小,行业发展步伐放缓,需要行业主管部门、协会、检测机构、建设工程各方主体共同努力,维护质量检测行业健康有序地发展。

整体而言,在经历了行业变革后,我国建筑工程质量检测行业的经营状况正朝着检测主体多元化、流程规范化和技术信息化方向发展,已经逐步形成了一套符合我国国情且较为成熟的检测体系。一些国家级和省市级的建筑工程质量检测机构在许多重大建筑工程项目中积累了丰富的检测经验,并且在开展建筑工程质量检测标准制定、技术研发创新与推广等方面发挥了积极作用。

第4章 建设工程质量检测行业发展存在的问题和原因分析

4.1 存在的主要问题

4.1.1 市场准入门槛过低，行业结构不够合理，市场秩序亟待整治

2005年《管理办法》（建设部令第141号）出台后，检测行业开启了市场化发展的新阶段，不仅民营资本大量涌入检测市场，原来隶属于政府质量监督部门的质量检测机构和隶属于施工企业的检测实验室也逐渐向社会中介机构转变，建设工程质量检测市场进入了多元化竞争阶段，为工程质量监督管理机关开展市场监管提出了新命题、新挑战。

由于修订滞后，导致《管理办法》（建设部令第141号）在2015年后不再适应经济社会和行业发展的节奏，在资质许可审批环节，建设主管部门主要采取资料申报审核的行政许可方式，只核查检测机构申请时的资质条件，如设备、人员、场地、注册资金等，对申报机构的实际检测能力、信用情况以及不良行为记录等缺乏严格审查把关，一些技术能力不足、信用水平低、规模过小的检测机构进入检测市场，且缺少有效退出机制，行业中的小微企业能够以较低成本长期维护资质，使行业呈现业务同质化、技术含量低、以价格为主要竞争手段的低水平恶性竞争。

检测机构数量激增导致市场竞争加剧，在经济利益和竞争压力驱动下，检测机构与业务委托单位信息不对称、业务委托单位质量意识不强的环境中，检测机构纷纷超越资质违规承揽业务、压低取费标准承接业务，由此带来的后果是：一方面，价格的过度降低必然带来服务相抵、成本压降，进而带来检测流程、规程和耗材的不规范，导致检测质量降低、违规行为难以避免，检测机构技术创新和规范发展的动力不足，整个检测行业只能维持低水平低层次的发展范式；另一方面，价格的过度降低使得检测行业利润大幅下降甚至为零，制约了技术、装备的升级，迫使行业进入低水平竞争和低端化发展轨道，难以可持续发展。

价格竞争导致检测机构社会责任感的丧失，监管缺位客观上为检测机构提供了违规操作的空间，甚至一些检测机构为迎合委托方要求，采用虚假检测数据、擅自更改检验结果、出具虚假检测报告，给工程质量、安全性、耐久性埋下隐患，严重干扰了市场秩序，必须通过政府监管调控、行业自律（签订行业公约）等方式，避免因检测机构之间的价格战而危害行业的健康发展。

4.1.2 工程建设质量责任主体质量意识不强，质量行为不规范

建设工程质量检测数据既是工程验收的重要依据，也为工程建设相关主体进行质量控制、纠正偏差、分析质量事故原因、解决质量纠纷提供重要信息。建设工程质量检测活动一般包括检测委托、见证送样（含现场检测）、检测、出具报告四个阶段，前三个阶段是建设方、监理方、材料供应商和检测机构相关行为共同作用的结果，是工程质量相关主体活动规范性的综合体现。

在建设工程质量检测实践中，检测服务的招标主体为项目建设单位或施工单位。建设单位为了控制成本，在招标时往往采用"最低价中标"的评标方法，投标单位压价投标，造成检测服务价格恶性竞争，大型综合类检测机构的技术优势、管理优势、信用水平在价格竞争中无法体现，造成市场上"劣币驱逐良币"的逆向选择行为，抑制了检测机构开展技术研发、设施设备投资、综合能力提升的愿望和动力。在施工方委托的检测业务中，检测机构被动接受施工方委托，二者之间存在委托与被委托、检测与被检测的双重关系，使得检测机构在经济利益和公正诚信之间"两难选择"，最终陷入信用陷阱。

质量检测服务委托单位质量意识不强，委托行为不规范。部分施工单位对质量检测的认识停留在资料过关的阶段，为了减少检测费用，降低检测数量，委托检测参数、检测数量不符合规范要求。尽管施工质量验收等规范对需复验的项目、参数均有明确规定，但仍有一些委托单位委托检测参数偏少，不满足规范要求。例如，抗震钢筋的力学性能检测未计算出超强比、强屈比及最大力下的伸长率等，结构胶复验未检测正拉黏结强度值，预应力标定时未检测规范规定的参数等。

4.1.3 行业技术标准和规范落后，企业技术研发和设备投入强度低

作为技术服务行业，建设工程质量检测行业技术含量高，不仅需要完善的技术标准和规范支撑，同时也需要检测机构长期持续的研发、设施设备、人才培养投入。

完善的质量体系的制定和运作是检测活动公正性和权威性的保证，2023 年前我国工程质量检测类的标准、规范数量较少，且多为十几年前制定的旧标准，标准的制定和执行与国际接轨程度不高。一是很多标准缺乏关键限量指标和安全要素的强制性标准，以及相关技术法律法规的支撑；二是国内标准与国际通用标准存在差异，国内标准大多低于国际标准；三是目前质量标准存在多头归口、内容冲突、交叉重复等现象，造成标准执行层面的困扰；四是缺乏功能性、前沿性技术标准及其相关检测方法。以上问题一定程度上影响了我国建筑产品质量的提升，制约了建筑企业"走出去"的国际化发展战略的实施，制约了建设工程质量检测行业的规范发展。

质量检测是以技术为手段、以能力为保证的高技术服务业。与产业高端化、智能化、数字化发展趋势相比，我国检测机构的技术能力还存在较大差距，例如，一些检测领域存在"检不了、检不快、检不准"的问题，国产检测仪器设备还面临"卡脖子"的现象。随着科学技术的不断发展，一般产品检测领域检测设备的国产化率不断提高，基本可以满足检测的需求，但在一些专业领域，国产设备在精确性、灵敏度、可靠性、耐用性等

方面与国外设备相比仍有一定差距。高端仪器设备大多依赖进口，大大增加了检测机构设备购置和使用成本，因此，加强仪器设备研发、改装能力，是提高检测机构综合检测能力的重要环节。

4.1.4　检测机构内部管理不规范

质量检测机构自成立之初便承担一定的行政职能，具有监管与检测一体化特征，长期以建设行政主管部门的科室或附属机构的形式运作，检测业务市场化程度较低，检测机构内部没有形成一套独立运作、运转高效的现代化管理模式，在检测工作管理方面缺少科学、系统的内部管理体系和经验。随着检测机构从事业单位向企业转制，从附属机构向独立法人转型，检测机构必须培育起现代企业管理观念，借鉴、利用先进管理手段和方法，建立现代企业管理制度，完善内部管理，培育市场竞争力，推动检测机构健康发展。例如，引进企业资源计划（enterprise resource planning，ERP）来控制和降低检测成本、提高检测工作的效率，利用客户关系管理（customer relationship management，CRM）来提高客户服务质量和加强检测现场的有序性，借助品牌推广手段来提高检测机构的信誉度等。

检测企业自身质量控制能力有待提高。内部管理手段落后，质量体系不健全，制约了检测机构服务水平的提高。近年来，新技术、新材料、新型建造方式在建筑行业的广泛应用，对检测设备、条件、技术能力等提出了新要求，如果检测机构缺乏在研发、设施设备和人才方面的持续投入，企业的质量控制能力和市场竞争力必然无法跟上行业市场的需求，无法适应建筑行业的高质量发展，难以应对国际市场的竞争。

4.1.5　行业专业人才匮乏

工程质量检测行业作为技术服务类行业，核心竞争力应体现为综合技术能力和专业化人才的竞争，需要一批高素质人才支撑，应特别注重人才培养和激励机制，定期引进高校优秀毕业生和专业人才充实到检测机构人员队伍中，优化检测机构人员的知识结构和年龄结构，才能在行业技术和需求加速迭代的市场环境中，不断提高行业整体发展水平和企业竞争力。

目前我国检测行业普遍缺乏专业人才，从业人员普遍文化水平不高。工程质量检测行业市场范围的局限性和行业衍生性，使得行业的科研和人才培养长期处于边缘状态，检测行业没有专门的执业资格，高校没有设置专门的学科专业，技术创新缺少课题、科研等项目支撑，高层次人才普遍是从其他专业转行过来，检测人才培养已成为整个检测行业发展的瓶颈，从长期来看势必制约行业的高质量发展。

4.2　原因分析

4.2.1　行业准入的资质标准过低

在 2023 年 4 月《资质标准》施行前，资质申请的门槛较低，没有区分资质等级，一些规模小、技术能力弱、专业技术人员配备不足的检测机构进入行业，且没有资格承接技术要求较高的检测项目（如地基基础、建筑幕墙及钢结构检测等）。一些检测机构不考虑自身条件和技术能力，在短期经济效益驱使下超资质甚至无资质承接检测项目，势必会加大工程质量隐患，扰乱检测市场秩序。

较低的资质标准降低了行业准入门槛。检测行业属于技术密集型行业，但由于行业技术进步速度相对较慢，企业难以通过持续研发投入获得技术创新积累，进而形成较高的准入门槛，同时资本投入获得的领先优势也难以持久，因此，检测行业进入难度相对较低，其市场结构呈现明显的过度竞争特征，市场集中度普遍低于新兴产业或高技术产业。根据《2020 年度全国检验检测服务业统计简报》，截至 2020 年底，就业人数在 100 人以下的检验检测机构数量占比达到 96.43%，绝大多数检验检测机构属于小微型企业，承受风险能力薄弱，呈现出"规模小、客户散、体量弱"等特征。

4.2.2　违规处罚力度过小，违法成本过低

《管理办法》（住房和城乡建设部令第 57 号）于 2023 年 3 月 1 日开始实施之前，对于无资质、超资质承接检测业务、使用不符合条件的检测人员、未按照国家强制性标准开展检测、使用不合规数据、出具虚假检测报告、转包检测业务等违法违规行为，仅处以 1 万～3 万元罚款，处罚力度过小，涉及违规行为清单不明确、不全面，导致行业监管力度不够，监管缺乏执行力，企业违法违规成本过低，难以对违法违规企业起到震慑和约束作用。

4.2.3　行业相关法律法规有待进一步完善

《中华人民共和国建筑法》和《建设工程质量管理条例》均未对建设工程质量检测管理做出相应的法律条文规定。《建设工程质量管理条例》第三条规定"建设单位、勘察单位、设计单位、施工单位、工程监理单位依法对建设工程质量负责"，并在第三章至第五章规定了以上各单位的工程质量责任和义务；但是《建设工程质量管理条例》未明确质量检测的责任和义务。

《管理办法》属于部门规章，法律效力相对较低；相关地方条例尽管对检验检测机构作为一方责任主体应承担相应的责任和义务做出了补充规定，但由于缺乏国家层面和行业层面的立法支撑，对地方检测行业违规行为的约束力度、惩戒力度不足。

4.2.4　质量检测机构监督管理体制没有完全理顺，行业监管不到位

2005 年《管理办法》（建设部令第 141 号）出台后，检测机构资质准入门槛降低，大量民营资本进入检测市场，政府质监部门对建设工程质量检测监管的力度相对薄弱，缺乏有效的监管措施与手段，对检测机构的不规范行为缺乏有效约束，市场监管缺位和执法不到位成为导致检测市场秩序混乱的原因之一。

根据《管理办法》（建设部令第 141 号），对检测机构的管理主要是由当地建设主管部门负责，绝大多数地区建设主管部门都依法将检测机构的管理委托给所属的工程质量监督机构负责。但是由于行业发展历史上管理体制沿袭，一些地区质量监督机构与检测机构还存在隶属关系，或尚未脱钩或"明脱暗不脱"。当检测结果遇到争议时，质量监督

机构难以公正处理；当发现检测机构存在违法违规行为时，质量监督机构不敢立即查处或查处不严。管理体制不畅导致检测市场监管不到位，因监管缺失而造成检测市场秩序混乱。

4.2.5　行业信用体系不健全

检测机构诚信缺失是导致检测市场秩序混乱的重要原因。个别或部分地区的政府主管部门对诚信缺失的检测机构的惩处力度不够，缺乏有效的信用评价体系，监管中忽视了对检测机构和从业人员的信用记录、执业行为等方面的检查，使一些诚信度差的检测机构和从业人员存在于检测行业中。

第5章 建设工程质量检测行业发展思路与对策

5.1 行业发展的原则和基本思路

未来一段时期,建设工程质量检测行业发展的基本原则是:深入贯彻党的二十大精神,坚定不移贯彻新发展理念,以推动行业高质量发展为主题,以深化供给侧结构性改革为主线,以改革创新为动力,围绕质量强国、制造强国,服务以国内大循环为主体、国内国际双循环相互促进的新发展格局,加快建设现代检验检测产业体系,推动检验检测服务业做优做强。

行业发展应遵循以下基本思路:第一,着力深化行业市场化改革,推进工程质量检验检测机构市场化发展,积极推进事业单位性质检测机构的市场化改革;第二,推动行业法律法规建设,加强行业监管,进一步优化市场秩序;第三,提升市场主体竞争力,培育现代化管理理念,完善质量管理体系,提升全行业技术能力;第四,提升全行业诚信水平和信用体系建设,提高全行业规范发展、自律自治能力。

5.2 行业发展对策

5.2.1 进一步规范市场秩序,推进全国统一大市场建设

由于检测行业发展历史较短、行业整体水平不高、市场诚信体系不完善,需要强有力的监督管理手段和引导政策,培育适合检测行业发展的市场秩序,引导检测资源有效配置和利用,促进检测队伍整体素质提高,推进行业资源有效配置,并在此基础上,逐步推动工程质量检测机构社会化、市场化建设,保证整个行业稳步健康发展。

建立健全工程质量检测管理的法律法规体系,完善工程质量检测管理法律法规体系中检测管理的内容,并制定配套的行政规章和规范性文件,形成多层级综合监管立法执法体系。建议建设行政主管部门根据建筑行业及工程质量检测行业发展状况,及时制定、出台切实可行的管理制度,以弥补《建筑法》《建设工程质量管理条例》中没有明确检测机构责任和义务的不足,确定检测机构的法律地位,确定检测机构的职能、性质、作用,明确检测机构的责任、权利和义务,使工程检测管理有法可依。新修订出台的《管理办法》与《资质标准》,从调整建设工程质量检测范围、强化资质动态管理并设定科学合理的分类标准、提高数字化应用水平、优化行业结构、加大违法违规行为处罚力度等多个方面,进一步强化了建设工程质量检测管理工作。

逐步推进我国建设工程质量检测机构的统一管理。地域分割、信息交流不畅,使得不同区域检测机构的技术水平差距较大,不利于全国统一大市场的建立。建议参考其他

行业的"产业地图""产业预警"等机制,根据区域经济发展状况与建设规模,在区域内按照"统筹规划、合理布局、有序竞争"的原则,有序引导行业主体行为,建设高效规范、公平竞争、充分开放的全国统一大市场,推动行业高质量发展。

5.2.2　实行检测机构分级管理,推动行业集约化发展

由于我国区域间经济发展水平和基本建设规模存在较大差异,不同类型建设工程项目的检测需求存在较大差异,有必要根据各地区实际情况,并考虑建设工程的规模和特点,对检测机构的设置作出合理规划布局。检测机构资质分类是合理配置和利用检测资源的基础,也是保证建设工程质量检测市场健康发展的条件。各地建设行政主管部门可确定一批检测机构,作为政府实施工程质量管理的技术支撑,为政府项目、公共项目提供服务和承担监督抽查等任务,同时允许保留企业实验室,作为企业内部质量控制的手段。

2023 年 3 月 31 日出台的《资质标准》,调整了检测机构资质分类,强化了检测参数考核,将检测机构资质分为综合资质和专项资质,有利于检测市场的细分运作和健康有序发展,避免检测机构的无序竞争。

集约化是提高市场资源配置效率和行业发展水平的必然要求。推动行业市场化改革,鼓励一批资金实力雄厚、技术能力强的行业龙头企业进一步做大做强,着力扶持、培育一批技术能力强、服务信誉好的检验检测机构成为行业品牌,提高品牌的知名度、美誉度和公信力,形成核心竞争力,发挥行业引领作用。同时,鼓励小型检测机构走"专精特新"道路,通过专业化技术积累培育竞争优势,为客户提供专业化、个性化的检验检测服务,在"利基市场"形成品牌效应。推动国有检测机构改革,组建区域性检测中心,开展行业关键技术、共性技术研发和"卡脖子"仪器设备研制,实现优化市场资源配置和业务重组,打造检测机构民族品牌,改变检测机构小、散、弱的局面,提升行业整体发展水平。

5.2.3　加强检测机构评审制度,加强事中事后监管

在"放管服"改革和营商环境进一步优化的大背景下,结合"告知承诺"和"信用评价"制度,对检测机构实施分类管理、差异化监管、动态监管,通过实施定期组织专家评审制度,加强事中事后监管。

对检测机构实施分类管理。对承担公共基础设施建设项目、保障性住房项目的检测机构、企业信用评价系统中存在信用问题的检测机构、上年度监督检查中存在严重问题的检测机构、在监管系统中信息数据缺失或数据有明显问题的检测机构、投诉和社会反映问题较多的检测机构进行随机抽查、定期抽查。

加强对检测机构的标准化管理。行业主管部门应建立严格的资质审查注册制度,确保检测机构在资质范围内承担业务,提高检测机构的服务质量。定期对检测机构的检测行为进行抽查,对出具虚假检测报告的机构和个人,按照有关法律法规从重处罚,与企业资质和个人检测资格审查挂钩,并及时向社会通报处罚结果。强化见证取样、实验室检测行为的监督检查,同时改进监督检查方式,结合检测机构和检测数据信息化建设,严格对检测流程、检测数据资料监管检查。

加强对检测企业的动态管理,完善检测企业的退出机制。强化企业资质动态管理,对检测人员数量、实验室管理、检测设备状态、检测参数进行动态监管,督促检测机构严格内部考核培训机制、实验室标准化管理、检测程序规范化执行。对存在问题的检测企业督促整改,对整改后仍不符合要求的检测企业启动强制退出程序。

加强对检测人员的动态管理。建立检测人员分级培训统考注册制度,促进检测人员综合技能不断提高。现行检测人员取得上岗证的培训考核制度,没有设置操作技能的实践类课程,缺乏对检测人员实操能力的培养和考察;培训考核采取统一课程体系和考试类型,不区分检测人员岗位及技能要求。建议对检测人员实行分级统考注册制度,设置注册证书等级,由检测人员根据自己的实际水平,逐级参加理论知识考试及实际操作考核,获取相应等级的注册证书,如此有助于检测人员通过"干中学",持续提升专业知识和操作技能。

5.2.4　进一步理顺工程质量相关责任主体的关系

推进检测行业市场化,推动检测机构作为市场主体独立发挥作用。《管理办法》规定,具有独立法人资格的企业、事业单位,或者依法设立的合伙企业,并具备相应的人员、仪器设备、检测场所、质量保证体系等条件,可以申请检测机构资质,依法依规从事相关检测业务。《管理办法》的规定丰富了检测市场主体类型,适应了检测市场实际需要;进一步明确了建设工程质量检测机构的性质和定位,以及承担相应法律责任的法律实体地位,强调检测机构不与行政机关、法律法规授权的具有管理公共事务职能的组织以及所检测工程项目相关的设计单位、施工单位、监理单位有隶属关系或者其他利害关系,确保检测机构成为独立的第三方,确保检测机构的公正性。

优化工程质量检测业务的委托方式,明确规定检测业务由建设单位委托,降低委托单位对检测结果的干扰,提高检测结果的真实性、客观性。推动将检测费用纳入工程造价,由建设单位承担检测费用。

落实工程质量责任主体制度,明确主体责任,构建"工程质量共同体",形成建设工程质量检测综合报告制度。一是明确建设单位在工程质量检测活动中的首要责任、检测机构的主体责任和检测人员的直接责任,确保检测项目"应检尽检";二是促进检测工作系统化、规范化,检测机构通过主动参与建设工程质量管理全过程,对工程质量检测活动开展系统评价;三是工程质量监督机构可通过检测综合报告,了解工程质量检测整体情况,对建设、施工、监理等单位及检测机构的履职情况和工程质量状况做出更准确的判断。

5.2.5　进一步完善行业信用体系建设

信用体系建设是优化营商环境、推进行业市场化进程的基本支撑。系统性、动态化的信用评价内容不仅包括检测机构、检测人员的业绩、市场行为记录、机构管理、合同履约、检测质量、社会效益等,还应体现企业的科研创新能力及履行社会责任的能力。此外,信用体系建设还包括确立评价主体、评价周期、评价结果的采信、公示、奖惩制度等。

探索信用评价结果的社会化应用。推进信用评价结果公布公示制度，将评价结果作为资质评价、企业评先和项目创优等的重要参考依据。建立守信联合激励和失信联合惩戒机制，让社会成为制约检测机构行为的主要力量，增加检测机构违规成本，激励其规范运作。加强对守信主体的奖励和激励，加大对守信行为的表扬和宣传力度，对诚实守信者在行政审批、资金补助、政府采购、政府购买服务等公共管理领域实行优先办理、简化程序、容缺办理等重点支持和优先选择等激励政策。对失信主体依法予以限制或禁入，建立市场退出机制，营造浓厚的"激励守信、惩戒失信"的社会氛围。

借助行业信息化、数字化技术，完善检测质量监管全过程评价和奖励机制框架，实行全面综合动态化信用监管。探索完善全国性综合信用信息平台建设，加强行业之间、部门之间、地区之间信用信息的互联互通，破除"信息孤岛"。

5.2.6　推进行业标准化、信息化、平台化建设

完善统一的检测标准是开展建设工程质量检测活动的基础。根据检测对象的实际需求以及检测机构自身的资源和技术条件，制定科学合理的规章制度和检测标准，促进工程检测的专业化和规范化。一方面，对检测工作的流程和章程进行详细的规定，完善信息化管理系统，为检测工作的有序开展提供依据；另一方面，结合建筑工程项目的具体内容科学制定检测方案，并主动适应建设工程新材料新技术新产品的检测需求，持续开展检测技术、工艺和方法的创新，最终实现工程检测综合能力的提升。

数字化、网络化、智能化是建筑行业的发展方向，也是未来一段时期工程质量检测行业的发展目标之一。我国质量检测行业抽样送样、实验室检验、检验报告出具等传统业务流程和运作模式，将来很可能会因为互联网技术、数字技术、智能技术的发展而彻底改变，远程检验、共享检验、无人化检验等未来检验模式将会逐渐兴起，并颠覆传统检验模式。对检测数据自动采集、实时上传，提高检测数据的真实性；通过检测设备和检测过程远程监控，提高跨地区检测的可靠性；利用信息化技术加大检测数据的分析深度，提高检测设备采集、计算分析的集成度；检测报告采用二维码防伪技术，防止伪造检测报告；通过改进、完善检测管理信息系统，实现业务委托在线化、样品管理信息化、报告发放网络化；以上几方面是质量检测工作发展的方向，也是质量检测行业高质量发展的可靠途径。

打造质量检测信息共享平台，实现资源、数据共享。在政府、行业协会协调支持下，以龙头企业为引领，打造区域性、全国性检测公共服务平台，完善检测公共服务体系，推动创建、整合、提升一批关键共性技术平台，解决跨行业、跨领域的关键共性技术问题；整合建筑行业上中下游完整产业链，协调建设方、监理方、设计方、施工方、检测方等工程质量责任主体信息，将公共服务平台建设成为检测机构的智库和研发创新平台，检测服务需求方的信息获取平台，监管部门的政策发布、标准制修订和行业共治平台，高校及科研机构与企业的互联互通平台，行业创新、创意的知识产权运用和保护平台，成为行业高质量发展的引擎。

5.2.7 充分发挥建设工程质量检测行业协会的作用

协会作为行业性、非营利性社会组织,是加强和改善行业管理与市场治理的重要支撑,是联系政府、企业、市场之间的桥梁纽带,其服务经济发展的优势不可替代,助推经济发展的能量不可小觑。

协会的重要作用在于促进行业有序发展,提高行业整体竞争力,营造良好的社会氛围。首先,协会可以帮助企业更好地进行信息共享,沟通政府及有关部门与企业的联系,帮助政府实现对市场经济的宏观管理,协助政府制定行业发展的长远规划;其次,协会可以为企业提供综合的培训服务,加强企业的管理,提升企业的技术水平,节省企业的管理费用。此外,通过对政府相关法律法规、部门规章及各会员单位的数据进行信息归集与分析,协会具备了掌握行业发展形势和面临问题的专业优势,从而能够洞悉本领域的发展现状、运作规律,对行业未来发展趋势进行预测。

随着各级政府对行业协会组织的重视和支持不断加强,协会得到迅猛发展,职能作用也日益得以发挥。协会充分发挥服务国家、社会、行业与会员的党建引领、交流沟通、团结凝聚、合作发展、桥梁纽带等重要作用,弘扬工匠精神,凝聚行业力量,为推动行业高质量发展贡献力量。

第二篇

建设工程质量检测行业主要地区
发展状况

第6章 北京市建设工程质量检测行业发展状况

6.1 概况

6.1.1 检测机构基本情况

截至 2021 年底，北京市共有 79 家建设工程质量检测机构。其中，国有企业数目较多，为 47 家，占比 59.49%；民营企业为 32 家，占比 40.51%（图 6-1）。

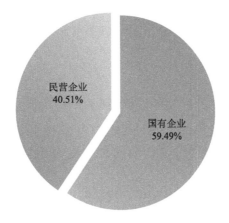

图 6-1 2021 年北京市检测机构性质分布情况

企业注册资本在 500 万元以下的检测机构 40 家，占比 50.63%；500 万～1000 万元的 16 家，占比 20.25%；1000 万元及以上的 23 家，占比 29.12%。注册资本在 500 万元以下的检测机构占比超过一半（图 6-2）。

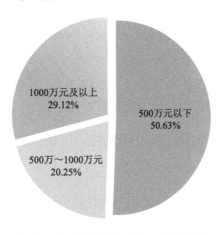

图 6-2 北京市检测机构资本注册情况

企业性质的检测机构 70 家，占比 88.61%；事业单位转企业性质的检测机构 8 家，占比 10.13%；事业单位性质的检测机构 1 家，占比 1.26%（图 6-3）。仅有 2.53% 的企业在境内上市或在新三板挂牌。

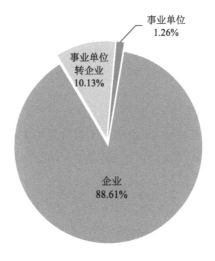

图 6-3 北京市检测机构企业性质分布情况

从检测机构控股情况看，企业为私人控股的 22 家，占比 27.85%；国有控股的 45 家，占比 56.96%；集体控股的 2 家，占比 2.53%；其他主体控股 10 家，占比 12.66%（图 6-4）。

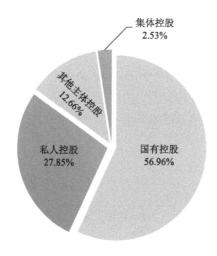

图 6-4 北京市检测机构企业控股情况

6.1.2 资质证书情况

79 家检测机构均具有检验检测机构资质认定证书和建设工程质量检测机构资质证书。其中，具有实验室、检验机构认可证书的 28 家，占比 35.44%；具有其他证书的 56 家，占比 70.89%。

　　79 家检测机构共取得 318 项检测资质。其中，取得见证取样检测资质的 62 家，占比 19.50%；取得主体结构检测资质的 53 家，占比 16.67%；取得地基基础检测资质的 29 家，占比 9.12%；取得建筑节能检测资质的 34 家，占比 10.69%；取得建筑门窗检测资质的 34 家，占比 10.69%；取得室内环境检测资质的 36 家，占比 11.32%；取得钢结构检测资质的 21 家，占比 6.60%；取得市政工程检测资质的 23 家，占比 7.23%；取得建筑幕墙检测资质的 12 家，占比 3.77%；取得司法鉴定检测资质的 4 家，占比 1.26%；取得其他检测资质的 10 家，占比 3.14%（图 6-5）。机构间相同检测项目的参数差异大，部分检测机构需加紧扩项、增项。

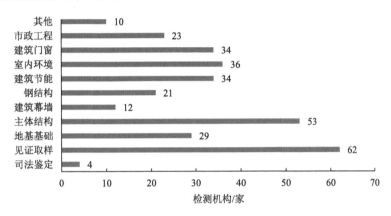

图 6-5　北京市检测机构资质类别分布情况

6.1.3　检测人员情况

　　北京市检测机构从业人员合计 6585 人。人员规模在 20 人以下的小规模机构有 6 家，占比 7.59%；人员规模在 20～50 人的中等规模机构有 39 家，占比 49.37%；人员规模在 50～100 人的较大规模机构有 18 家，占比 22.79%；人员规模在 100 人及以上的大规模机构有 16 家，占比 20.25%（图 6-6）。

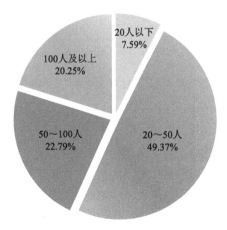

图 6-6　北京市检测机构人员规模情况

检测人员学历方面，研究生及以上学历人数为 1179 人，占比 17.90%；本科学历人数为 2649 人，占比 40.23%；本科以下学历人数为 2757 人，占比 41.87%（图 6-7）。

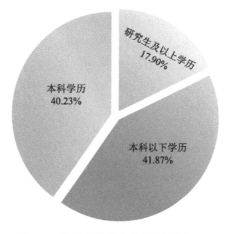

图 6-7　北京市检测人员学历情况

专业技术人员方面，专业技术人员总数为 4996 人。其中，拥有高级职称 1322 人，占比 26.47%；拥有中级职称 1760 人，占比 35.23%；拥有初级职称 1476 人，占比 29.54%；拥有其他注册资格人员 438 人，占比 8.76%（图 6-8）。

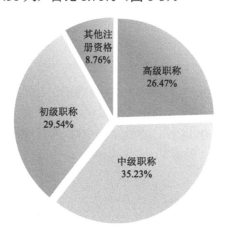

图 6-8　北京市检测人员拥有职称情况

6.1.4　业务状况

2021 年，北京市检测机构营业收入总计 310559 万元。其中，营业收入 1 万元以下的机构 1 家，占比 1.27%；1 万～500 万元的机构 10 家，占比 12.66%；500 万～1000 万元的机构 13 家，占比 16.45%；1000 万～3000 万元的机构 34 家，占比 43.04%；3000 万～5000 万元的机构 7 家，占比 8.86%；5000 万元及以上的机构 14 家，占比 17.72%（图 6-9）。

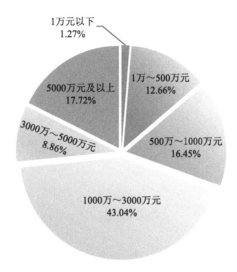

图 6-9　2021 年北京市检测机构营业收入情况

2021 年，北京市工程质量检测机构利润总额 37975 万元。其中，利润 1 万元以下的机构 10 家，占比 12.67%；1 万～100 万元的机构 30 家，占比 37.98%；100 万～300 万元的机构 18 家，占比 22.78%；300 万～500 万元的机构 6 家，占比 7.59%；500 万～1000 万元的机构 6 家，占比 7.59%；1000 万元及以上的机构 9 家，占比 11.39%（图 6-10）。

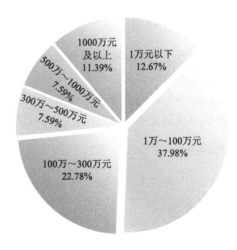

图 6-10　2021 年北京市检测机构利润情况

6.1.5　跨地域发展

本次参与调研的检测企业在北京市以外地区设立分支机构的总计 15 家。其中，设立分支机构 0 个的检测企业 74 家，占比 93.67%；设立分支机构 1～5 个的检测企业 4 家，占比 5.06%；设立分支机构 6～20 个的检测企业 1 家，占比 1.27%（图 6-11）。分支机构中，取得检验检测机构资质认定的分支机构 6 个；作为京外直接投资企业的分支机构 12 个，出资金额合计 52000 万元。所有检测企业均未在境外设立分支机构。

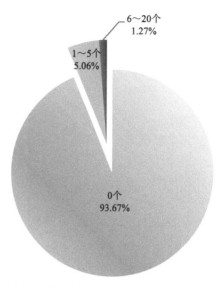

图 6-11　北京市检测机构在京外地区设立分支机构情况

6.2　行业特点

6.2.1　检测系统创新化，实现全方位动态监管

近年来，北京市通过建立建设工程质量检测监管系统，对全市的质量检测数据进行实时汇总，从而实现参建各方主体共同参与的全方位监管。增强面向工程项目的数据可用性，注重检测报告电子化，将不合格信息进行智能推送，完善检测监管预警指标，实施智能、精准、高效的检测事中事后监管。

6.2.2　检测行业智能化趋势明显

质量检测技术在"互联网＋"和"人工智能"迅速发展的时代背景下，正在实现三者的有机融合，不断衍生出新的价值，促进了检测行业的长远发展。政府和检测机构都已经看到了这一趋势，并结合检测工作的实际情况，朝着检测行业智能化的方向不断迈进。

6.3　经验和典型做法

6.3.1　加大对违法违规问题的查处力度

2016 年开始实施的《北京市建设工程质量条例》，明确了检测机构的质量检测责任，设立相应的惩治准则，采取罚款、暂停承接检测业务以及吊销资质证书等多种处罚方式，确保涉及工程质量检测的主要违法行为均有相应的惩治措施，解决因违法违规成本过低，难以让违法违规者受到足够震慑的问题。

6.3.2　建立不合格检测数据通报制度

为进一步加强和规范建设工程质量检测管理工作，全面监督全市建设工程质量检测状况，强化预控管理，及时排除工程隐患，通过北京市建设工程质量检测监管系统，对工程不合格检测数据进行预警，并将预警结果通知工程监督机构。这种预警机制的建立，使不合格检测数据的信息发布走向了规范化、常态化，也让不合格检测数据预警和跟踪处理工作主动走进参建单位的视野，给全市工程质量监督机构、施工单位敲响"警钟"，形成及时预警，并充分发挥统计报告工作预控管理的功能，有力推进了北京市建设工程的质量检测管理。

6.3.3　开展检测工作能力检验工作

为规范检测市场、加强检测机构资质认定工作事中事后监管、提升检测机构技术能力，在监督检查时，从检测机构留存的样品和已完成的工程实体检测项目中，随机抽取，由第三方检测机构进行复测，将复测结果与原检测结果比较后，评定其检测结果的准确性，以此来检验检测机构的工作能力。

6.4　存在的问题或障碍

6.4.1　参与各方主体责任不明确

北京市针对建设工程项目的检测在信息化及质量管理方面出台了一系列管理制度，对检测质量的控制起到了很大的作用，但是建设工程质量检测系统性制度建设针对性不强，不能把责任落实到各个参与方，特别是现有法律法规对质量检测的风险评估体系建设不足，不能满足全市建设工程质量管理的需要。

6.4.2　部分检测机构发展水平低，难以适应市场环境

北京市各个检测机构能力水平参差不齐，许多检测机构的管理体系只是流于表面，不能彻底地实施，更未能向国内和国际管理水平领先的检测机构学习，从而导致在市场上的应变力愈来愈低，出现"供大于求"的竞争局面，长此以往，检测机构将会很容易被市场边缘化乃至淘汰。另外，检测机构正式成为独立法人的第三方机构时间尚短，部分转制检测机构对母体的依赖性还没有彻底消除，对市场发展不十分适应，机构尚处于"幼年期"，有待进一步成熟。

6.4.3　检测行业人才缺乏，技术创新驱动力不足

建设工程质量检测具有业务范围广、检测项目多及专业性强等特点，需要的人才多且专业，而建设工程质量检测行业对高新技术人才吸引力不强，检测机构缺少业务精英，行业的技术创新和发展也因此受到了制约。此外，建设工程质量检测的从业者来自不同行业、拥有不同的学历背景，由于检测机构缺乏对其培养的途径，加之职称晋升渠道的不畅

通，导致检测行业的技术人员缺乏工作热情和工作积极性，造成了检测行业的人才流失。

6.4.4　行业定位不清晰，缺乏服务意识

建设工程质量检测行业属于技术服务类行业，部分检测机构是从国有企业、事业单位改制而来的，现代化意识较差，未能扮演好经济发展转型提质的"服务型"角色，以至于这些检测机构不能很快适应开放的检测市场，无法准确找到自己的定位并制定科学合理的管理和发展目标。在检测行业逐渐市场化的背景下，各检测机构所面临的市场竞争越来越激烈，为了在这样的竞争当中处于优势地位，更需要明确行业定位，以市场需求作为导向，构建标准化的服务体系。

6.5　措施和建议

6.5.1　明确参建各方主体责任

政府管理部门应继续推进"放管服"改革，优化检测机构准入服务；完善市场监督机制，加强事中事后监管；搭建创新平台，鼓励企业创新创业。

建设单位在选择检测机构时必须考察其资质，不能将工程项目的质量检测委托给不具有相应资质等级的检测机构；在同等条件下，应优先选择信誉评级级别较高的检测机构为中标单位。建设单位应充分保障工程质量检测费用，建立工程质量检测项目造价预算制度，保证所有的检测项目费用不能低于成本价。目前，我国工程质量检测费用只占了工程造价的 0.2%～0.3%，是发达国家相应比例的 1/5 左右，无法确保检测工作和检测机构的正常实施和运转。

检测机构作为检测工作的主体单位，在检测过程中应当恪守诚实守信、公平、公正的原则，积极维护社会效益；必须确保在资质许可范围内从事相应工程质量检测工作，检测机构人员应经过相关检测技术培训并考核合格，检测仪器须按照国家公认的技术方法量值溯源，方可在质量检测中使用；检测机构要有较高的自律约束能力，在检测活动中须实事求是，并提供完整、真实、可靠的检测报告，对检测数据和检测报告的合法性、真实性和准确性负责；检测机构应尊重同行，公平竞争，良性竞争，不得通过远低于行业平均价格甚至成本价格或其他不正当手段来获取市场份额；检测机构应准确识别检测过程中存在的风险，制定合理、有效和充分的防范措施，以承担经营检测业务所产生的责任风险，主要为因检测机构的疏忽或错误的检测结果造成的检测业务委托方的财产损失，应按照法律、合同规定承担相应法律责任和经济赔偿。

行业协会要协同行政主管部门，积极宣传贯彻与建设工程质量检测有关的法律法规、规章、规范性文件和技术标准规范，组织开展行业内交流、学习活动，推动科技进步，推广新技术、新方法。

6.5.2　完善诚信管理平台系统的建设

制定更加科学、更有层次的责任主体行为诚信标准，本着先易后难、简便易行、科

学实用的原则制定建设工程质量检测市场各方主体行为的综合诚信标准，重点评价检测企业和检测人员的诚信行为。评审评价系统统一，共享评价结果，加强信用评价管理办法的落实执行，加强监督力度。目前，检测行业处于多头管理状态，由于政府职能的转变，政府各部门均加强了监督抽查工作，其中大部分检查项目都是重合的，基层单位每年花费大量时间在迎审上。通过建立信用信息管理平台，统一评价体系，共享评价结果，对企业的信用评价将会更加完善，更能约束检测企业严格要求自身做到诚实守信。同时，还可以采取抽取专家到企业巡查、督查的方法，对各企业上报的信用评价进行复查核实，避免信用评价失真。合理利用平台公示的诚信评价得分，将其应用到业务承揽和招投标中。诚信评价应分级管理，根据机构的领域、规模、分项、分级，从静态管理转为动态管理，从事前管理转为事中、事后管理，防止"一刀切"，实行差别化管理。

6.5.3　加强工程质量影像追溯管理

首先，应加强在关键材料生产和施工过程中的信息追溯管理。例如，预拌混凝土生产单位应对混凝土生产全过程和检验过程留存视频资料，检测机构应对混凝土试件的抗压强度、钢筋（含焊接与机械连接）拉伸和保温材料试验留存视频资料，视频应能清楚辨识试件编号和检测数据。其次，要落实参建各方责任，加强影像资料拍摄及归档管理。建设单位对工程影像资料负有首要责任，要按照相关要求编制工程质量影像追溯实施方案，建立影像资料检查制度，对参建各方相应影像资料做好抽查和把关工作。监理单位对施工过程及装配式混凝土预制构件生产过程影像资料负有监理责任，要对相关过程影像资料进行检查。

第7章　天津市建设工程质量检测行业发展状况

7.1　概况

天津市建设工程质量检测行业从形成发展到今天，行业规模逐年扩大，检测手段不断提高，检测装备和检测环境不断更新发展，检测范围由单一建筑材料检测向综合全方位检测不断延伸，综合检测能力大大提升。

7.1.1　检测机构基本情况

天津市共 77 家检测机构参与本次调研。其中，企业注册资本在 500 万元以下的机构 50 家，占比 64.93%；500 万~1000 万元的机构 16 家，占比 20.78%；1000 万元及以上的机构 11 家，占比 14.29%。注册资本在 500 万元以下的检测机构占比超总数的一半（图 7-1）。

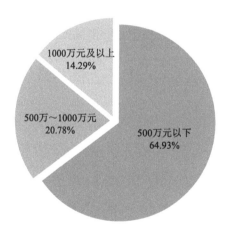

图 7-1　天津市检测机构资本注册情况

77 家检测机构的单位性质均为企业。民营性质的机构 45 家，占比 58.44%；国有性质的机构 23 家，占比 29.87%；其他性质的机构 9 家，占比 11.69%（图 7-2）。

企业控股为私人控股的 43 家，占比 55.84%；企业控股为国有控股的 23 家，占比 29.87%；企业控股为集体控股的 2 家，占比 2.60%；企业控股为其他的 9 家，占比 11.69%（图 7-3）。

7.1.2　资质证书情况

77 家检测机构均具有检验检测机构资质认定证书和实验室、检验机构认可证书；75

家具有建设工程质量检测机构资质证书,占比 97.40%;具有其他证书的 23 家,占比 29.87%。

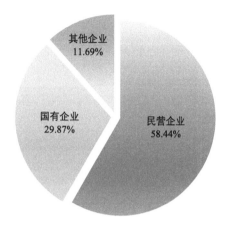

图 7-2 天津市检测机构企业性质情况

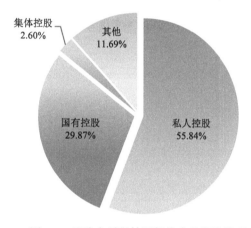

图 7-3 天津市质量检测机构企业控股情况

77 家检测机构共取得 368 项检测资质。其中,取得见证取样检测资质的 56 家,占比 15.22%;取得主体结构检测资质的 66 家,占比 17.93%;取得地基基础检测资质的 17 家,占比 4.62%;取得建筑节能检测资质的 45 家,占比 12.23%;取得建筑门窗检测资质的 38 家,占比 10.33%;取得室内环境检测资质的 32 家,占比 8.70%;取得钢结构检测资质的 48 家,占比 13.04%;取得市政工程检测资质的 28 家,占比 7.61%;取得建筑幕墙检测资质的 12 家,占比 3.26%;取得司法鉴定检测资质的 10 家,占比 2.72%;取得其他检测资质的 16 家,占比 4.35%(图 7-4)。机构间相同检测范围的参数差异大,部分检测机构需加紧扩项、增项。

7.1.3 检测人员情况

天津市 77 家检测机构的从业人员合计 2936 人。其中,人员规模在 20 人以下的小规模机构有 19 家,占比 24.67%;人员规模在 20~50 人的中等规模机构有 38 家,占比

49.35%；人员规模在 50～100 人的较大规模机构有 17 家，占比 22.08%；人员规模在 100 人及以上的大规模机构有 3 家，占比 3.90%（图 7-5）。

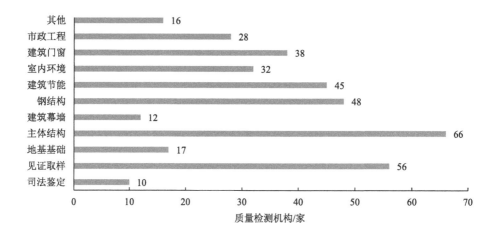

图 7-4　天津市检测机构资质类别分布情况

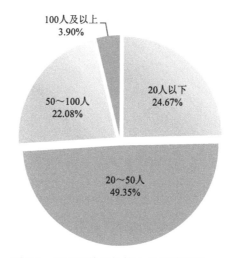

图 7-5　天津市检测机构人员规模情况

　　检测人员学历方面：研究生及以上学历 241 人，占比 8.21%；本科学历 1672 人，占比 56.95%；本科以下学历 1023 人，占比 34.84%（图 7-6）。其中，学历在本科及以上的占比超 60%。检测行业的高端技术人才队伍正逐步壮大，但仍需提高检测技术水平和综合能力。

　　专业技术人员方面，专业技术人员总计 2280 人。其中，拥有高级职称 569 人，占比 24.96%；拥有中级职称 847 人，占比 37.15%；拥有初级职称 617 人，占比 27.06%；拥有其他注册资格 247 人，占比 10.83%（图 7-7）。

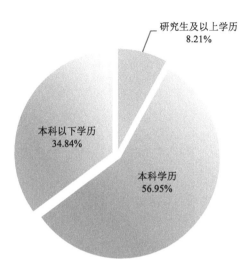

图 7-6　天津市检测人员学历情况

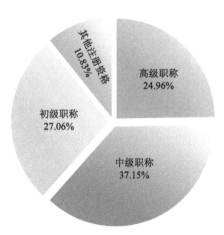

图 7-7　天津市检测人员职称情况

7.1.4　业务状况

2021 年，天津市检测机构营业收入总计 77654.73 万元。其中，营业收入 1 万元以下的机构 1 家，占比 1.30%；1 万～500 万元的机构 33 家，占比 42.85%；500 万～1000 万元的机构 18 家，占比 23.38%；1000 万～3000 万元的机构 18 家，占比 23.38%；3000 万～5000 万元的机构 6 家，占比 7.79%；5000 万元及以上的机构 1 家，占比 1.30%（图 7-8）。

2021 年，天津市检测机构利润总额 5864.84 万元。其中，利润 1 万元以下的机构 21 家，占比 27.27%；1 万～100 万元的机构 32 家，占比 41.56%；100 万～300 万元的机构 16 家，占比 20.78%；300 万～500 万元的机构 4 家，占比 5.19%；500 万～1000 万元的机构 3 家，占比 3.90%；1000 万元及以上的机构 1 家，占比 1.30%（图 7-9）。

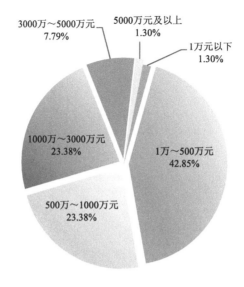

图 7-8 2021 年天津市检测机构营业收入情况

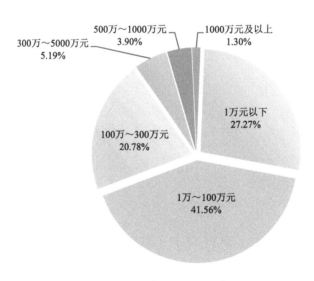

图 7-9 2021 年天津市检测机构利润情况

7.2 行业特点

7.2.1 小微型机构数量占比高，服务范围扩展空间大

2021 年天津市小微型（人员规模少于 100 人）检测机构占机构总数的 94.10%，呈现出"规模小、客户散、体量弱"的特征。从服务范围来看，91.20% 的检测机构仅在天津市域内提供检测服务，服务范围本地化占主流，服务范围向外扩展的空间很大，整体行业承受外部风险的能力有待进一步加强。

7.2.2　建设工程质量检测机构区域性明显

检测行业具有一定的地域性，行业集中度相对较低。天津市各行政区内建设工程质量检测机构数量受区域内工程建设规模影响，存在明显差异。工程项目检测性质、客观空间距离和检测对象的体积庞大性与不可移动性等各方面因素，决定了检测机构与工程所在地的距离不能相距太远，一般检测机构只能服务于其所在行政区域范围内的工程项目。

7.3　经验和典型做法

为推进工程质量检测行业的健康发展，天津市采取了一系列的措施和做法。

7.3.1　政府与检测协会合力推动检测行业高质量发展

天津市住房和城乡建设委员会购买检测协会的服务内容，包括对工程实体质量的抽测、开展对检测机构的专项检查、构建检测机构日常数据监管系统、建立工程质量检测机构诚信评价体系。

由检测协会组建巡查组开展全市建设工程质量检测机构巡查。巡查组成员由检测协会技术委员会专家组成，采取"双随机、一公开"的形式，即随机抽取检测机构与巡查组成员，事先不通知机构、不通知专家，当日出发后通知检测机构迎检。

检测协会组织专家每月对资质延期、增项、新申请的检测机构进行现场核查。依据《管理办法》（建设部令第 141 号），按照检测资质范围进行检测机构现场核查。

天津市住房和城乡建设委员会委托检测协会组织开展检测机构检测能力对比试验。利用信息化时代先进手段促进天津市检测行业的高素质发展，天津市住房和城乡建设委员会授权检测协会搭建天津市建设工程质量检测数据监管平台，并已投入使用。

7.3.2　通过加强培训来全面提高从业人员综合素质

采用"线上学习""线下考核"的方式开展专业知识培训。检测协会在 2021 年累计安排近 60 期实际操作技能培训，大大提高了检测人员的动手实操能力。开展继续教育工作，2021 年检测协会组织安排了建筑材料检测类、结构工程质量检测类、建筑节能检测类、市政工程检测类以及室内环境检测类的继续教育公益培训，近 4000 人次报名参加。开展法律法规专题培训，聘请司法鉴定方面的专家对建设工程质量检测风险与防范相关的热点问题进行专业解读。

7.4　存在的问题或障碍

7.4.1　许多检测人员技术水平低，检测技术创新缓慢

在目前庞大的检测队伍中，各检测机构规模不一，检测能力相差较大。部分小型检

测机构缺乏掌握设计、施工等方面技能的专业型检测人才,其检测结果有时比较片面,不能全面、准确地给出检测报告,给工程留下了安全隐患。检测技术创新缓慢,现有检测技术难以满足实际检测工作的需求。一方面,检测机构由于自身条件限制,对硬件更新、技术创新的积极性不高,导致检测过程技术含量低,技术发展缓慢,技术发展整体处于停滞状态;另一方面,一些检测机构不愿投入资金购买更先进的智能化设备,且现有设备维护资金预算有限。加之近些年来,地铁、大型桥梁、隧道、高层建筑等复杂工程建设项目越来越多,对工程检测行业提出了更高的要求,现有的检测技术越来越难以满足实际工程项目的检测需求。

7.4.2 委托台账不统一

通过检查检测机构台账,发现较多检测报告委托编号未统一编制,存在委托编号按检测项目类别进行分类编号的现象,如见证取样检测采用一种编号方式,专项检测采用另一种编号方式;此外,还发现一些检测机构的委托台账中有个别委托编号空缺,前后委托编号不能连贯编排的问题。

7.5 措施和建议

7.5.1 建设检测管理系统

通过政府招投标集中采购满足建设工程质量检测行业发展、适合检测机构使用的统一的检测管理系统,建立监管平台。逐步实现检测机构基本情况、检测行为、检测数据的远程归集及实时上传,并对影响结构安全的检测结果,通过计算机网络迅速传递到监管部门进行及时处理。检测管理系统可实时监控检测过程,既便于政府监管部门行使职权、履行职能,又规范了检测机构的检测行为。

7.5.2 推行检测机构信用等级评价和入围名录推荐制度

加强对检测机构的企业信用等级评价,借助国家企业信用信息公示系统等信用平台推动实施检测机构失信联合惩戒。推荐信用等级高的机构申请参加"全国建筑业 AAA 级和 AA 级信用企业(检测机构)评价"和加入天津市高级人民法院发布的《天津法院房地产估价、建设工程造价、建设工程质量等七类鉴定评估机构名录》,减少对其的监督检查频次,对信用等级低的机构则需加大监管力度,从而使检测机构的运作更符合市场规律,服务意识更强,促使建设工程质量检测行业健康有序发展。

7.5.3 建立可行的检测收费调控机制

相关部门要开展检测成本和收费标准的研究工作,坚持推行行业收费指导价,对恶意压价等不良竞争行为严厉查处。要增强行业的自律意识,树立行业自律组织的权威性,提升其社会影响力,树立科学公正、诚信服务的理念。检测机构通过自觉管理,出具公正的检测报告,提供诚信服务。

7.5.4　建立现代企业管理理念

作为检测机构必须建立起现代企业管理理念，借鉴和利用一切关于企业管理的先进手段和方法来帮助检测机构健康发展。例如：引进 ERP 控制和降低检测成本，提高检测工作的效率；重视企业制度、文化的建设和实施；重视人力资源，以人为本，注重员工的培养和激励；加强与国际上水平领先的检测企业合作，通过不断学习先进的检测技术和管理理念，提升自身在市场上的竞争力。

第 8 章　上海市建设工程质量检测行业发展状况

8.1　概况

8.1.1　检测机构情况

2021 年，参与调研的上海市建设工程质量检测机构 143 家，同比增长 2.88%。对检测机构经营所在地的统计显示，在上海市的区级行政区中，浦东新区的检测机构数量最多，其次为宝山区，长宁区的检测机构数量最少；21 家检测机构拥有多场所检测实验室。在 143 家检测机构中，有 68 家检测机构成立了党组织，比上年增加 1 家；党员人数为 1947 人，比上年增加 139 人。

与 2020 年相比，2021 年，浦东、宝山、松江、金山、静安 5 个区的检测机构数量有所增加，杨浦、普陀、黄浦 3 个区的检测机构数量有所减少，其余各区的检测机构数量不变；检测机构承揽外省市建设工程检测项目的机构数量减少，由原来的 30 家减少到了 28 家；拓展国外市场的机构数量略增，由 6 家增到了 7 家。

从检测机构登记注册类型看，有限责任公司 43 家，私营企业 95 家，共占到了总数的 96.50%。事业单位、股份合作企业、外商投资企业都只有 1 家，国有企业 2 家（图 8-1）。

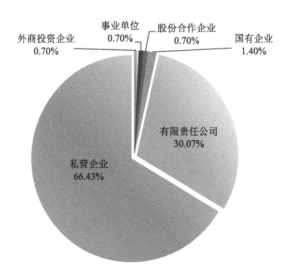

图 8-1　2021 年上海市检测机构登记注册情况

从检测机构控股情况看，企业为国有控股的机构 41 家，占比 28.67%；企业为集体控股的机构 1 家，占比 0.70%；企业为私人控股的机构 100 家，占比 69.93%；企业为外商控股的机构 1 家，占比 0.70%（图 8-2）。

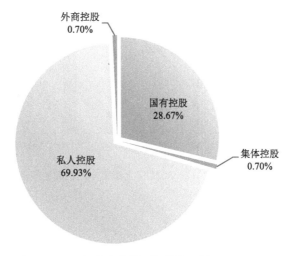

图 8-2 2021 年上海市检测机构控股情况

从检测机构具备的检测业务资质看，具备见证取样检测资质的 78 家，具备地基基础检测资质的 57 家，具备主体结构检测资质的 73 家，具备钢结构检测资质的 38 家，具备建筑幕墙检测资质的 7 家，具备建筑节能检测资质的 57 家，具备室内环境检测资质的 73 家（表 8-1）；具备公路、水运等其他资质的单位有 132 家。

表 8-1 2017～2021 年上海市质量检测机构具备资质情况   （单位：家）

年份	检测资质机构						
	见证取样	地基基础	主体结构	钢结构	建筑幕墙	建筑节能	室内环境
2017	75	55	56	27	7	58	67
2018	75	54	56	24	7	55	58
2019	74	55	61	27	7	57	63
2020	76	54	65	35	7	58	67
2021	78	57	73	38	7	57	73

从检测机构注册资金来看，2021 年共有 9 家检测机构对注册资金实行了增资，其他检测机构注册资金不变。在 143 家检测机构中，仅有 1 家注册资金小于 100 万元，而大于 1000 万元的有 33 家。

从检测机构固定资产来看，2021 年末，检测机构仪器设备总数为 48562 台（套），同比增加 9.33%；检测机构总面积为 40.8 万 m^2，同比增加 5.97%；检测机构平均面积为 2853.15m^2，同比增加 3.01%。

从检测业务收入来看，2021 年检测机构检测业务收入合计 36.52 亿元，同比增加 26.98%，每家检测机构平均业务收入为 2553.85 万元（图 8-3）。

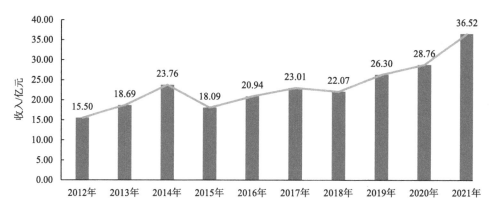

图 8-3　2012～2021 年上海市检测机构检测业务收入

8.1.2　检测人员情况

2021 年，检测机构期末从业人员 10625 人，同比增加 6.43%；平均年龄为 37.40 岁，较 2020 年减少 0.10 岁。其中，40 岁及以下人员同比增加 7.30%；机构从业人员人均年薪在 7 万～8 万元的占比最大（图 8-4）；硕士研究生及以上学历总人数为 1153 人，占比 10.85%，同比增加 3.50%；本科和大专学历总人数为 7368 人，占比 69.35%，同比增加 7.62%；其他学历总人数为 2104 人，占比 19.80%，同比增加 4.00%；高级职称人员同比增加 9.88%（表 8-2）。

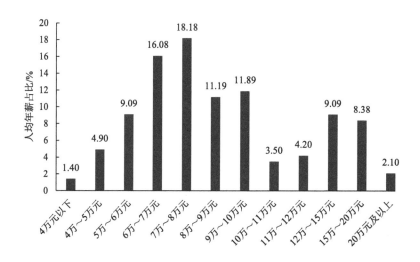

图 8-4　2021 年上海市质量检测机构从业人员人均年薪情况

表 8-2　2020～2021 年上海市质量检测机构从业人员情况

统计指标	单位	2021 年	2020 年
期末从业人员人数	人	10625	9983

续表

统计指标		单位	2021 年	2020 年
一、年龄	20 岁及以下	人	94	61
	21~30 岁	人	2899	2717
	31~40 岁	人	4133	3863
	41~50 岁	人	2037	1865
	51~60 岁	人	1176	1186
	60 岁以上	人	286	291
	平均年龄	岁	37.4	37.5
二、期末从业人员持证情况	检测技术证书持证人员	人	6420	6140
	其他人员	人	4205	3843
三、平均年薪	4 万元以下		1.40%	1.44%
	4 万~5 万元		4.90%	5.04%
	5 万~6 万元		9.09%	15.11%
	6 万~7 万元		16.08%	13.67%
	7 万~8 万元		18.18%	23.02%
	8 万~9 万元		11.19%	5.76%
	9 万~10 万元		11.89%	9.35%
	10 万~11 万元		3.50%	4.32%
	11 万~12 万元		4.20%	2.88%
	12 万~15 万元		9.09%	10.79%
	15 万~20 万元		8.38%	7.19%
	20 万元及以上		2.10%	1.44%
四、学历	硕士研究生及以上	人	1153	1114
	本科	人	4528	4144
	大专	人	2840	2702
	其他	人	2104	2023
五、职称	高级职称	人	1323	1204
	中级职称	人	2440	2373
	初级职称	人	1987	1968
	其他	人	4875	4438
六、从事检测工作年限	5 年及 5 年以上	人	6846	6465
	不足 5 年	人	3779	3518

8.2　经验和典型做法

8.2.1　完善政府规章，出台有关示范文本

近年来，上海市先后出台了《上海市建设工程检测管理办法》《上海市检验检测条

例》。为规范检测行业经营行为，维护检测合同双方当事人的合法权益，根据《中华人民共和国民法典》等有关规定，上海市市场监督管理局会同上海市建设工程检测行业协会对《上海市建设工程检测合同示范文本（2013 版）》进行了修订，自 2021 年 5 月 1 日起，在全市范围内推行使用《上海市建设工程检测合同示范文本（2021 版）》。

2018 年 4 月，上海市建筑建材业市场管理总站组织召开"上海市建设工程检测消耗量定额（送审稿）"专家评审会，上海市住房和城乡建设管理委员会标准定额管理处、建筑建材业市场管理总站、建设工程检测行业协会及相关领域的评审专家参加会议。根据会上专家提出的修改意见，协会认真梳理完善形成建设工程检测定额报上级部门审批稿，经上海市住房和城乡建设管理委员会批准发布，《上海市建设工程检测定额》自 2018 年 10 月 1 日起实施，对规范上海市建设工程检测计价行为具有积极的意义。

8.2.2 积极推广数字化建设

2021 年 11 月 29 日，"推进工程检测数字化和智能化"会议召开。会议指出，希望通过推进工程检测的数字化和智能化，杜绝检测过程中数据不真实的情况，提高工程检测的技术水平。

8.2.3 搭建宣传平台，为成员单位提供宣传窗口

2021 年是上海市建设协会建设工程检测专业委员会（简称检测专委会）成立第二年。检测专委会有别于上海市建设工程检测行业协会，它是将具有显著特点和善于超前服务的建设工程检测机构聚集在一起，为上海市建设协会近 700 家会员单位提供多方位、多角度、综合性的专业服务。成立一年来，检测专委会围绕创设目的，为各会员单位搭建了宽松、合作的交流服务平台。

8.2.4 实行动态监管，开展现场核实工作

为进一步深化落实"放管服"改革要求，加强建设工程检测机构资质事中事后监管，净化建筑市场，营造良好行业氛围，上海市住房和城乡建设管理委员会行政服务中心根据《管理办法》（建设部令第 141 号）和《上海市建设工程检测管理办法》（沪府令第 73 号）的规定，组织现场核实工作小组依法对上海市建设工程检测机构资质开展现场核实工作，包括对 2021 年度新设立或增项检测资质的机构，开展检测机构资质条件的现场核实工作；对已取得检测资质的机构，按照"双随机、一公开"监管机制，每年对获得本市资质认定的检测机构的随机抽查比例不低于 20%，须开展检测机构资质条件的现场核实工作。

8.3 措施和建议

8.3.1 完善监管体系，加大查处力度，规范质量认证市场秩序

以行业协会为纽带，强化检测认证行业自律意识，畅通社会监督渠道，形成多元共

治格局。创新监管方式，全面推行"双随机"抽查，建立全市检测认证机构和检测人员、专家人员信息库，完善"双随机"抽查实施细则。加强对检测认证机构和获证企业、产品的联动监管，严厉打击非法从事检测认证活动和伪造、冒用、买卖认证证书、认证标志等行为。严格落实从业机构对检测认证结果的主体责任、对产品质量的连带责任，健全对参与检测认证活动从业人员的全过程责任追究机制，建立出证人对检测认证结果负责制度，落实"谁出证，谁负责；谁签字，谁担责"制度。

8.3.2　增强诚信体系建设

推行检测认证机构信用评价，加快建立检测机构和认证机构诚信档案，将行政处罚监管信息纳入上海市公共信用信息服务平台，引导检测机构主动发布信用报告和社会责任报告。落实检测机构能力信息公示和聘用人员信用信息查实义务，完善重点行业终身禁入、参与政府购买服务受限等失信惩戒机制，提高违法失信成本。

8.3.3　加强综合保障

推动"上海品牌"认证相关立法工作，为品牌建设提供法治保障。加大财政投入力度，发挥全市现有各类专项资金的作用，建立稳定的质量认证工作经费投入机制，支持关键技术研究和紧缺能力建设，引导企业申请各类认证，加强全面质量管理。推动金融机构对符合条件的检测认证机构加大授信额度，支持符合条件的机构通过上海证券交易所、上海股权托管交易中心等多层次资本市场，进行股权和债券融资。

第9章 重庆市建设工程质量检测行业发展状况

9.1 概况

9.1.1 检测机构基本情况

2021 年重庆市检测行业总产值约为 15.7 亿元。2021 年参与本次调研的建设工程质量检测机构 142 家，其中，113 家具备重庆市住房和城乡建设委员会颁发的建设工程质量检测资质（单位）证书，29 家新成立的机构暂未取得资质证书。质量检测机构数量较 2020 年新增 30 家。

根据机构性质划分，在重庆市 142 家检测机构中，事业单位 5 家，企业 137 家。其中国有企业 51 家、集体企业 1 家、民营企业 83 家、合资企业 2 家（图 9-1）。

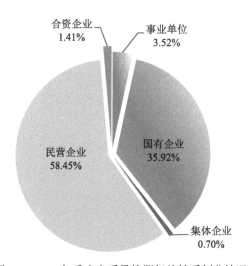

图 9-1 2021 年重庆市质量检测机构性质划分情况

在 142 家检测机构中：本部位于主城九区的有 93 家，分别为渝北区 20 家、九龙坡区 16 家、江北区 15 家、北碚区 11 家、南岸区 9 家、渝中区 7 家、巴南区 7 家、沙坪坝区 7 家、大渡口区 1 家；另外 49 家位于其他各区（县）地区。

9.1.2 资质情况

在 142 家检测机构中，有 124 家持有重庆市住房和城乡建设委员会颁发的检测资质（个人）证书，检测机构资质类别分布情况见图 9-2。

9.1.3　检测人员情况

142 家检测机构共有持证人员 4861 名，其中有 6 家检测机构在册持证人员超过 100 人。持证人员中，具有高级职称的 1075 人，具有中级职称的 1756 人。各检测机构中，在册高级职称人数超过 100 人的 1 家，在册中级职称人数超过 100 人的 1 家。

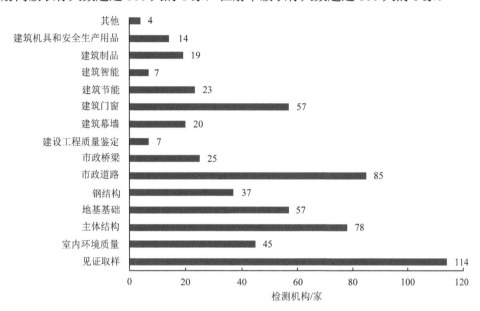

图 9-2　2021 年重庆市质量检测机构资质类别分布情况

9.2　行业特点

9.2.1　行业监管手段数据化与智能化

随着信息化技术的快速发展，云计算、大数据、5G 等新技术不断出现，使得检测认证实现数据共享互认，建立检测领域专业化平台成为可能。重庆市住房和城乡建设委员会构建检测信息监管平台，通过平台每季度对各区县房屋市政工程质量检测业务进行统计分析，形成对各区县检测市场具有支配地位的检测机构推定名单，并在平台上进行公示。运用大数据智能化等手段，对全市各区县房屋市政工程质量检测业务实施动态监控，及时将检测机构涉嫌滥用市场支配地位垄断区县检测市场、政府部门涉嫌滥用行政权力排除或限制竞争等线索，移交重庆市市场监督管理部门处理，有效破除了地方保护壁垒，促进形成公平竞争的检测市场环境。

9.2.2　检测行业向集约化发展

从重庆市质量检测机构的营业收入来看，综合性检测机构的营业收入普遍较高。综合性检测机构的服务领域更全面，机构规模更大，营业收入更多，成本更低，利润更多，员工人均产值更高，更有利于可持续发展。2016 年 11 月国家质量监督检验检疫总局等 32 个部委联合印发的《认证认可检验检测发展"十三五"规划》提出，支持检验认证机构整合，加快检测认证产业化发展，支持其向提供"一站式服务"和"一体化服务"方向发展。因此，推动行业资源整合、做综合性检测服务平台将是接下来重庆市检测行业的发展趋势。

9.3 经验和典型做法

9.3.1 开展质量检测信用管理工作

重庆市住房和城乡建设委员会负责指导、协调、推进全市房屋建筑和市政基础设施工程质量检测信用管理工作，负责制定信用管理制度和信用评价标准，建立全市检测机构信用管理系统，公布检测机构信用评价结果。信用信息通过当事人自行申报、区县住房和城乡建设主管部门报送、司法机关和其他行政主管部门抄送、市住房和城乡建设委员会主动采集、委托单位举报等方式获取。建设、施工、监理单位发现检测机构和检测人员存在不良行为的，依法向住房和城乡建设主管部门举报，经查实后按照规定纳入不良信用记录。

9.3.2 开展质量检测专项整治行动

按照《重庆市建设工程质量检测管理规定》中的资质条件，对全市 104 家房屋市政工程质量检测机构开展资质核查，做到全面核查、从严整治。质量检测机构整治的重点问题包括：无资质或超出资质范围从事检测活动；未经工程质量检测，直接出具虚假检测报告或者鉴定结论；篡改、伪造原始数据，出具虚假检测报告或者鉴定结论；套改原有工程质量检测报告信息，出具虚假检测报告；档案资料管理混乱，检测数据无法溯源；检测能力（设备、人员）与出具检测报告不匹配；使用不符合条件的检测人员，检测人员未按规定在检测报告上签字盖章；未按标准规范开展检测活动；未单独建立检测结果不合格项目台账，且未按规定上报；发现的违法违规行为未按规定上报。

主管部门专项督察。各区县住房城乡建设部门对所监管的在建和已完工的房屋市政工程建设单位组织的自查自纠情况进行抽查，对辖区内质量检测机构自查结果进行核查。发现问题以书面通知方式令其整改，对违法违规行为应依法依规予以处罚，相关检查结果应汇总形成书面材料，填报检查汇总表。

9.3.3 开展质量检测机构资质动态核查工作

动态核查包括专项核查和常规核查。专项核查是指对被投诉举报、上级主管部门或其他部门移交案件线索等存在资质异常线索的企业启动的核查。常规核查是指"双随机、一公开"检查，核查对象通过随机抽取方式确定。在动态核查中，对有严重违法违规行为、被行政处罚、被投诉举报、列入"黑名单"等情形的监督对象增加抽查频次，加大核查力度。动态核查包括企业自查、报送资料及实地核查等环节。核查结果对外公开，接受社会监督，形成威慑，增强市场主体守法自觉性。核查结果不合格的企业，须在整改期内整改到位，整改期间企业受检资质处于屏蔽状态，不得以受检资质承接新业务，整改合格后解除屏蔽。整改不到位的，由市住房和城乡建设委员会对受检资质信息进行行政处理；不配合、逃避核查的，对其予以全市通报批评，纳入企业不良信用记录，并对受检资质信息进行行政处理。

9.4　存在的问题或障碍

9.4.1　质量检测行业相关政策标准有待完备

根据《建设工程质量管理条例》等国家层面做出的专项规定，重庆市住房和城乡建设委员会基于重庆市的实际情况，制定了相应的建筑工程质量检测行业的发展政策和技术标准，如《重庆市建设工程质量检测管理规定》等。这些政策和技术标准，一定程度上保障了重庆市建筑工程质量检测行业的稳定发展。近年来，重庆市积极响应国家号召，大力推动建筑行业信息化新技术在建筑工程中的落地应用，积极推进装配式建筑的发展，建立了许多新技术应用示范项目和装配式建筑示范项目。上述新技术和新建筑结构体系的变革，有效地促进了建筑工程质量的提高。然而，由于与之相匹配的建筑工程质量检测行业政策和新技术标准的制定存在较大程度的滞后，导致在对这类建筑工程项目进行质量检测时，存在政策适用性不足、技术标准不匹配甚至缺乏可参考标准的情况。

9.4.2　检测市场恶性竞争现象严重

重庆市的建设工程质量检测行业市场化改革开始较早，随着市场化改革的推进，出现了一大批私营的建筑工程质量检测机构，这些私营机构迎合了一些中小型建设单位的工程需求，迅速抢占了一部分建设工程质量检测市场份额。近年来，重庆市因为私营的建设工程质量检测机构数量逐年增多，质量检测市场已相对饱和。由于建筑工程项目较少，少数质量检测机构因为没有项目可做而近乎处于停业状态。在这样的背景下，为了生存发展，私营检测机构之间以及私营检测机构和国有检测机构之间开始不断争抢市场。许多检测机构为了获得市场，不断降低建设工程质量检测工作的质量，部分检测机构甚至采取了不正当的竞争手段，一定程度上形成了恶性竞争的局面。

9.4.3　主管部门对检测行业的监督管理力度不足

2019 年，重庆市住房和城乡建设委员会通报了 4 家存在违法违规检测行为的检测机构；2020 年，重庆市住房和城乡建设委员会下发了《关于印发工程质量检测专项整治行动方案的通知》（渝建质安〔2020〕29 号）。上述措施的施行，主要目的便是加大监督管理机构对检测机构的监管力度，这也从侧面反映出了重庆市对质量检测行业的监督管理力度需要进一步提高。重庆市住房和城乡建设委员会在质量检测机构专项检查情况的通报中指出，下一步的工作要强化工程质量检测监管，保持行业监管高压态势。

9.5 措施和建议

9.5.1 积极更新完善政策标准

近年来，重庆市质量检测行业的总体规模不断扩大，行业的技术水准也在引进了许多建筑工程新技术后得到了显著提高，这使得对与新技术配套的政策标准的需求不断增加，既有政策标准的适用性呈现出缩减趋势。为了有效应对质量检测行业相关政策标准不完备这一现状，需要积极推动政策标准的更新完善工作，及时出台配套的行业政策和技术标准。要实现更新完善政策标准的目标，需要主管部门积极跟进并准确把握行业最新动态和最新需求，同时也需要检测机构主动配合，积极参与，建言献策。

9.5.2 总量控制与转型升级并行

为有效应对检测市场存在的恶性竞争局面，需要从两个方面入手。一方面，对质量检测机构的总量进行严格控制。质量检测监督管理机构要强化对市场中检测机构的管理，严守检测机构资质准入标准，对通过非正当渠道进入市场的质量检测机构进行监察和处理；加强资质审核，建立透明、规范、科学的资质审查机制；打击违法违规运营机构，同时运用市场经济规律，实现质量检测机构的优胜劣汰。另一方面，对于质量检测机构自身而言，要积极更迭提升自身的技术水平和服务能力，紧跟市场需求，适时进行转型升级，以顺应行业发展趋势，提高自身生存能力，从而长久地占有市场份额，而非通过违法违规渠道获得短期的经济收益。

9.5.3 主管部门应加大监督管理力度

建设工程质量检测行业涉及多个专业领域，有各种角色的参与者，且行业的体量较大，难免出现鱼龙混杂的情况，因而主管部门的监督管理力度对行业的健康发展有举足轻重的影响。要加大主管部门对检测行业的监督管理力度。一方面，需要加强各区县城乡建设主管部门对检测行业的监督管理工作，增强不同级别部门之间的工作联动协同，对监管失职的部门和人员进行责任追究；另一方面，需要强化监督管理机制，依靠完善的机制，保证主管部门的监督管理工作落实到位。

第 10 章　黑龙江省建设工程质量检测行业发展状况

10.1　概况

10.1.1　机构分类

在 2023 年前，黑龙江省建设工程质量检测机构包括综合类检测机构、见证取样类检测机构、专项类检测机构。检测专业有见证取样检测（含房建和市政工程）、地基基础、主体结构、钢结构、室内环境检测。检测机构中同时具有见证取样检测资质和一项或几项专业类检测资质的检测机构为综合类检测机构，只有见证取样检测资质的为见证取样类检测机构，只有专项检测资质的为专项类检测机构。

10.1.2　机构数量及分布

黑龙江省参与本次调研的质量检测机构 157 家，其中，综合类检测机构 62 家，专项类检测机构 22 家，见证取样类检测机构 73 家。黑龙江省检测机构资质类别情况见表 10-1。

表 10-1　黑龙江省质量检测机构资质类别情况

类别	综合类	见证取样	地基基础	钢结构	室内环境	合计
数量/家	62	73	13	1	8	157
占比/%	39.49	46.49	8.28	0.64	5.10	100.00

10.1.3　市场规模分析

2021 年黑龙江省质量检测市场的业务主要来源于房建、老旧小区改造和市政基础设施工程。由于建筑市场总体规模和市政基础设施投资规模减少，质量检测市场规模也呈减小的趋势。以哈尔滨市主城区为例，其 2019 年、2020 年、2021 年建筑工程量和市政基础设施投资规模见图 10-1 和图 10-2。由于大规模进行老旧小区改造工程，哈尔滨市

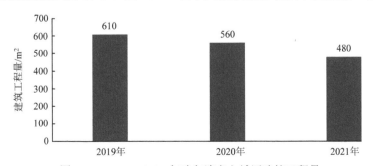

图 10-1　2019～2021 年哈尔滨市主城区建筑工程量

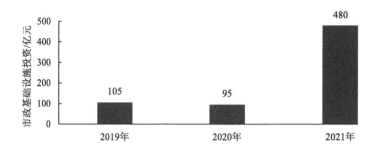

图 10-2　2019～2021 年哈尔滨市主城区市政基础设施投资规模

建设工程质量检测市场规模有了一定增长（图 10-3）。

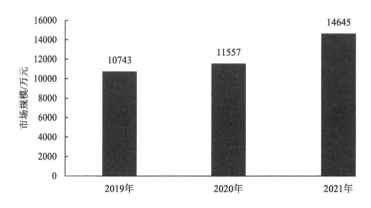

图 10-3　2019～2021 年哈尔滨市主城区质量检测市场规模

2021 年哈尔滨市主城区质量检测市场的建筑工程检测、老旧小区改造工程检测、市政工程检测市场规模见表 10-2。

表 10-2　2021 年哈尔滨市主城区质量检测市场规模

类别	建筑工程检测	老旧小区改造工程检测	市政工程检测
产值/万元	8080	2890	3630
占比/%	55.35	19.79	24.86

2021 年同 2019 年比较，质量检测市场规模由 10743 万元增加到 14645 万元，增加了 3902 万元，其中老旧小区改造工程检测规模增加到 2890 万元，建筑工程检测市场规模和市政工程检测市场规模共计增加了 2810 万元。

10.2　行业特点

10.2.1　哈尔滨市 2021 年建设工程质量检测行业发展的特点

哈尔滨市在建筑市场总体规模减小的情况下，建筑工程检测市场和市政工程检测市场规模逐年增加，其运营情况分析如下。

1）质量检测机构拓展检测项目，扩大检测范围

以往质量检测机构开展的检测项目以建设工程施工质量验收标准要求的检测项目为主。目前，随着各方质量责任主体对工程质量责任意识的不断提高，建设工程施工和验收所要求检测的产品和项目有所增加，已超出验收标准的要求，因此，检测机构也随之不断地增加检测项目和扩展检测范围。

2）质量检测机构不断加强自身建设，提高检测活动的运营投入

质量检测机构从人员、设备设施、场所面积三个方面加强自身建设。人员建设从提高从业人员的工资待遇和用多种方式加强从业人员的业务培训两方面入手；设备设施建设体现在检测机构通过逐年加大设备设施投入，逐渐扩大检测范围和完善已开展的检测项目；由于不断增加检测项目和扩展检测范围，检测机构的经营场所面积也在不断增加（图 10-4～图 10-6）。

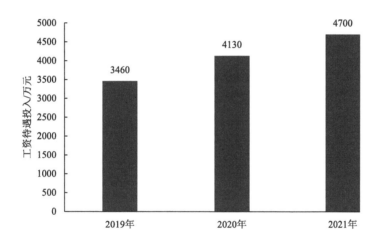

图 10-4 2019～2021 年哈尔滨市质量检测机构从业人员工资待遇投入情况

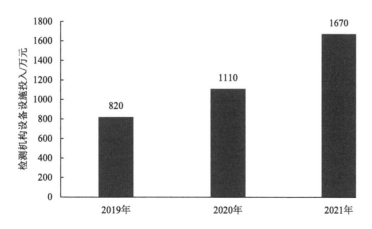

图 10-5 2019～2021 年哈尔滨市质量检测机构设备设施投入情况

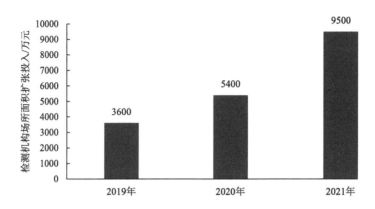

图 10-6　2019～2021 年哈尔滨市质量检测机构场所设施投入情况

3）多元化发展为质量检测机构增加经营收入

为了拓展经营范围，一些质量检测机构开展多元化检测业务经营活动。拥有主体结构、钢结构资质的检测机构在工程质量鉴定领域开展结构检测业务，拥有地基基础资质的检测机构在安全监测领域开展深基坑监测业务，还有的检测机构在防雷检测、电气安全检测、特种设备检测等领域开展相应的检测业务。据不完全统计，2021 年哈尔滨市质量检测机构在多元化检测业务经营活动中的产值达千万元。

4）水利、公路、铁路行业检测机构加入住建领域

截至 2021 年底，水利、公路、铁路行业共有 7 家检测机构具备了住房城乡建设行业检测资质，其中水利行业 3 家，公路行业 2 家，铁路行业 3 家。这些行业检测机构的加入，增加了检测市场的竞争。

10.2.2　省内其他地区 2021 年建设工程质量检测行业发展的特点

1）省内其他地区质量检测市场规模逐年降低

以大庆市（含石油、石化项目）为例，2021 年质量检测市场规模为 2019～2021 年最低（2019～2021 年分别为 5000 万元、4500 万元、4000 万元）（图 10-7）。

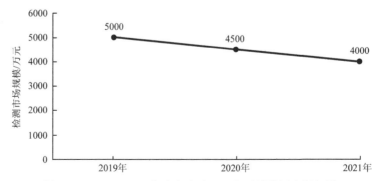

图 10-7　2019～2021 年大庆市建设工程质量检测市场规模

齐齐哈尔、牡丹江、佳木斯、黑河等地区质量检测市场规模与大庆市类似，鸡西、鹤岗、双鸭山、伊春、大兴安岭等地区建设工程检测市场规模降低幅度比较大。

2）牡丹江市建立质量检测监管平台系统

牡丹江市住房和城乡建设局于 2014 年建立了建设工程质量检测监管平台系统，2017 年进行了完善，实现了对全市质量检测机构操作行为的实时监控和检测数据的实时上传。

10.2.3　全省质量检测机构数量的变化

全省质量检测机构的总体变化趋势是综合类检测机构的数量在增加，见证取样检测机构和专项类检测机构的数量在减少。90%的原有见证取样检测机构已通过扩项变更成为综合类检测机构，10%的原有见证取样检测机构已退出检测市场。专项类检测机构数量呈减少趋势，20%的地基基础类检测机构和 40%～50%的室内环境类检测机构退出了检测市场。

10.3　存在的问题或障碍

10.3.1　建设工程各方责任主体存在问题

建设单位未按照相关要求对质量检测活动履职尽责。一些工程见证取样、主体结构的检测按标准应是建设单位委托，实际上却是施工单位委托。

施工单位未按照相关要求对质量检测活动履职尽责。施工单位对检测质量责任不重视，主要体现在三个方面：第一，施工单位不具备样品制作条件，缺少样品制作工具和仪器设备；第二，施工现场试件养护设施不符合要求，甚至没有设置养护设施；第三，取样员业务能力差，取样制样不符合标准要求。

监理单位未按照相关要求对质量检测活动履职尽责。监理单位对检测质量责任不重视主要体现在见证员不履职尽责，在取样员取样制样过程中未旁站监督，有的甚至和取样员一起对见证送检试样造假。

10.3.2　质量检测机构存在的问题

质量检测市场的规模较小。近些年，黑龙江省建设市场不断萎缩，造成质量检测市场的规模不断缩小。哈尔滨市作为省会城市，主城区的建设规模逐年降低，这也代表省内其他地市建设规模的走势。相比于外省发达地区的质量检测市场规模，黑龙江省原本不大的检测市场规模越来越小。

质量检测机构规模相对较小。与发达地区相比，黑龙江省无论综合类检测机构还是专项类检测机构都没有形成相应的规模，有些专项检测如幕墙工程检测还没有机构拥有资质。多数县级甚至一些地市级检测机构只能开展常规建筑材料检测，对施工质量验收标准中要求的一些检测项目不具备检测能力。

质量检测机构人员专业素质有所欠缺。黑龙江省建设工程各行业中从事质量检测工作的人员收入相对较低，质量检测行业人员流失比较严重，造成多数质量检测机构的检测人员专业素质有所欠缺，主要体现在三个方面：一是检测人员普遍学历不高，存在非工程专业人员从事检测员工作的现象；二是检测人员不能胜任检测岗位工作，无法独立完成相对复杂的检测工作；三是缺少能胜任技术管理岗位的工作人员，有些质量检测机构技术负责人和授权签字人能力不能胜任本职工作。

质量检测机构检测技术能力较低。主要体现在三个方面：一是技术人员的专业素质有所欠缺；二是质量检测机构的科研水平较低，近年来，黑龙江省质量检测机构的研究课题和成果极少，参与地方标准编制的机构也比较少；三是检测方法跟不上建设形势的发展，质量检测机构的业务范围和技术能力大多局限于已具备资质认定的检测项目和检测方法，不能适应新材料、新工艺的发展。

质量检测市场存在恶性竞争现象。黑龙江省各地市质量检测市场都存在无序竞争现象，质量检测机构为了承揽检测任务恶意压低检测价格，在质量检测机构数量多的地区恶性竞争现象尤为严重。有的质量检测机构为了达到承揽检测任务的目的，以低于检测成本的价格承接检测项目，严重扰乱了检测市场秩序。这种现象的潜在后果是检测机构超技术能力范围承揽检测任务，甚至出具虚假报告。

10.3.3 行业管理中存在的问题

黑龙江省建设主管部门在质量检测行业管理上存在的问题主要有以下三个方面：一是检测机构质量监管部门的监管措施不够完善，缺乏行之有效的监管方式，有的地区甚至忽略对质量检测机构进行监管；二是县级建设主管部门对质量检测机构的监管缺少专业技术人员，无法对当地检测机构进行有效的检查和指导；三是各地区建设主管部门均未开展质量检测机构的信用等级评价工作。

10.4 措施和建议

10.4.1 质量检测行业相关的政策和管理措施

建议相关主管部门借鉴水利行业和公路交通行业对质量检测机构的管理方式，科学合理地设置资质申请的申报条件，对质量检测机构的管理提出具体要求。

上级主管部门通过文件要求各地区建设主管部门对建设工程质量检测行为开展"双随机、一公开"检查，各地区建设主管部门应将其落实到位，建立有效的"双随机、一公开"检查制度，丰富对检测行为的检查手段。各地区建设主管部门还应开展检测机构信用等级评价工作，推进建设工程质量检测监管平台系统的建设，使用自动化智能手段对检测机构的行为进行监督管理。

10.4.2 检测机构的发展方向

1）质量检测机构应向规模化方向发展

近些年许多见证取样检测机构已发展成为综合类检测机构，随着新产品新工艺的不断出现，检测规模大、检测能力强的检测机构在市场竞争中处于有利位置。质量检测机构在规模化发展方向上应不断向其他行业领域发展。在考虑节省投资成本的同时，也应挖掘质量检测机构内部人员的潜力,通过提高他们的其他专业能力,拓宽检测业务的领域。

2)检测机构应向既有建筑的安全性能方向拓展业务

超过一定年限的既有建筑会存在一定的安全隐患,通过检测与监测诊断既有建筑的安全性能是检测机构的一个发展方向。近几年提出建筑医院的理念,目的是为建筑工程治病,病因需要通过检查才能够诊断出,这就为质量检测机构提供了发挥其作用的平台。

3)质量检测机构应加强科学研究方面的投入

质量检测机构应积极参与行业和地方标准的编制工作,加大科研工作的投入。参与标准编制工作和加大科研工作的投入,会培养出综合性的技术人才,为质量检测机构多方面经营创造条件。目前,一些新产品、新工艺缺少完善的检测方法,只能按照类似产品、工艺的检测方法开展质量检测,因此,质量检测机构应重点加强这些方面的研究工作。

4)充分发挥行业协会的作用

黑龙江省各市、县应成立建设工程检测行业协会,充分发挥其在主管部门与检测机构之间的桥梁纽带作用,在黑龙江省行业协会的指导下有效地开展对检测行业的咨询、服务、协调工作,加强行业自律的管理工作,为主管部门加强行业管理提供合理化建议。

第11章　山东省建设工程质量检测行业发展状况

11.1　概况

2021 年山东省建设工程质量检测行业迅速发展，在各级主管部门和企业的共同努力下，质量检测机构及从业人员数量持续增加，机构资质、场地规模持续扩大，总产值达到 58 亿元，较 2020 年增长 13.50%。

经统计，2021 年全省持有"建设工程质量检测机构资质证书"的质量检测机构总共569 家，其中通过 CNAS 认证的 29 家，设有分支机构的 278 家；2021 年全省检测行业从业人员 20069 人，仪器设备 22 万余台（套），检测场所总面积 133 万 m²。

11.1.1　质量检测机构数量及分布

1）机构数量

2021 年山东省共有建工类检测机构 569 家，较 2020 年同比增长 27.90%。从图 11-1可以看出，质量检测机构数量在省内分布不均衡，质量检测机构数量与当地经济状况和行政区域大小成正比，如济南、青岛、潍坊 3 市共有 269 家质量检测机构，3 市的质量检测机构数量之和占全省总数的 47.28%。

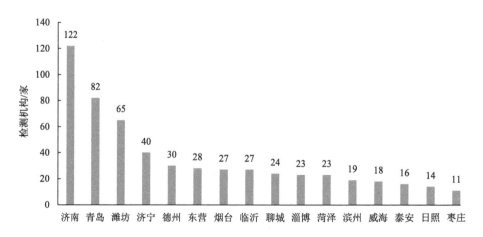

图 11-1　2021 年山东省各设区市质量检测机构数量分布

质量检测机构数量与行政区域大小相关，如行政区域较小的泰安、日照、枣庄 3 市共有检测机构 41 家，3 市检测机构数量之和仅占全省总数的 7.21%。

2）资质数量

山东省质量检测机构资质以见证取样为主（图 11-2）。见证取样检测资质 476 项，较 2020 年同比增长 19.60%；地基基础检测资质 188 项，同比增长 18.24%；主体结构检测资质 393 项，同比增长 34.13%；钢结构检测资质 159 项，同比增长 57.43%；建筑幕墙检测资质 40 项，同比增长 21.21%。

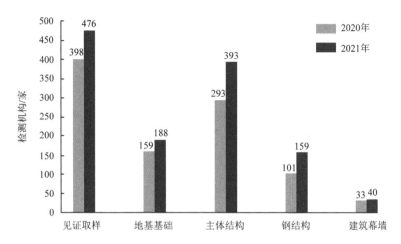

图 11-2　2020 年、2021 年山东省质量检测机构持有资质证书类别统计

按持有资质项数统计（图 11-3），山东省持单项资质的检测机构 174 家，较 2020 年同比增长 15.23%；持两项资质的检测机构 210 家，同比增长 28.83%；持三项资质的检测机构 83 家，同比增长 31.75%；持四项资质的检测机构 74 家，同比增长 64.44%；持五项资质的检测机构 28 家，同比增长 27.27%。

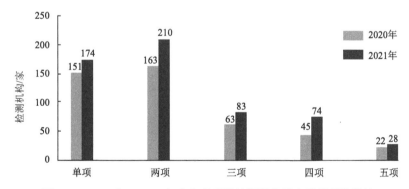

图 11-3　2020 年、2021 年山东省质量检测机构持有资质项数统计

11.1.2　质量检测机构规模

1）人员

从图 11-4 可以看出，山东省质量检测机构人员规模多数在 50 人以下，占比 82.95%；检测人员规模 50～100 人的检测机构占比 13.01%；检测人员规模 100 人及以上的检测机构占比 4.04%。

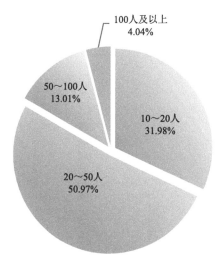

图 11-4　2021 年山东省质量检测机构人员情况

2）场所面积

山东省质量检测机构拥有检测场地面积 133 万 m²，其中自有面积 37 万 m²，租赁面积 96 万 m²。多数质量检测机构的检测场地面积在 3000m² 以下，占比 75.92%；检测场地面积 3000～5000m² 的占比 14.06%；检测场地面积在 5000m² 及以上的占比 10.02%（图 11-5）。

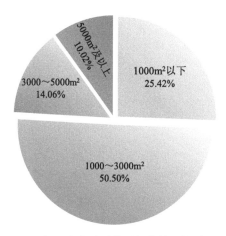

图 11-5　2021 年山东省质量检测机构检测场地面积情况

3）仪器设备数量

山东省质量检测机构拥有仪器设备 22 万余台，其中，仪器设备在 500 台及以下的质量检测机构占比 79.09%；仪器设备数量在 500～1000 台的质量检测机构占比 15.99%；仪器设备在 1000 台及以上的质量检测机构占比 4.92%（图 11-6）。

4）总产值

山东省质量检测机构年产值差距较大，与质量检测机构的规模成对应关系。质量检

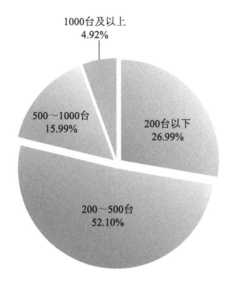

图 11-6　2021 年山东省质量检测机构仪器设备数量分布情况

测机构总产值 500 万元以下的占比 57.11%；500 万～1000 万元的占比 17.93%；1000 万～3000 万元的占比 20.03%；3000 万～5000 万元的占比 1.93%；5000 万元及以上的占比 3.00%（图 11-7）。

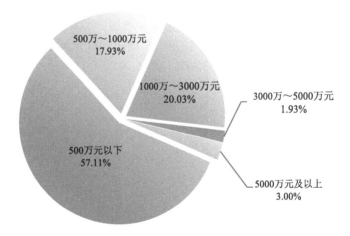

图 11-7　2021 年山东省质量检测机构总产值情况

11.1.3　从业人员

2021 年山东省质量检测行业从业人员突破 2 万人，较 2020 年同比增长 14.80%。拥有注册证书人员、职称人员、高学历人员数量逐年增加，行业人员素质水平不断提升。

1）注册人员

全省质量检测机构技术人员中，持有一级结构注册证书的有 86 人，持有二级结构注册证书的有 482 人，持有岩土注册证书的有 235 人。

2）年龄分布

从全省检测人员的年龄分布看，主要年龄段在 40 岁以下，占比 74.99%。其中，30 岁以下占比 19.99%，30～40 岁占比 55.00%，40～50 岁占比 18.99%，50 岁及以上占比 6.02%（图 11-8）。

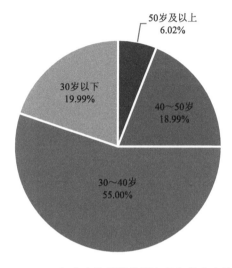

图 11-8　2021 年山东省质量检测人员年龄分布情况

3）职称

全省质量检测机构获评职称人员逐年增加。2021 年质量检测机构拥有初级职称人员占比 20.98%、中级职称占比 33.99%、高级职称人员占比 8.87%，合计具备初级职称及以上的技术人员比例已达 63.84%（图 11-9）。

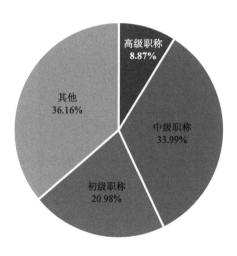

图 11-9　2021 年山东省质量检测人员职称情况

4）学历

2021 年全省质量检测机构从业人员中，专科及以下学历人员占比 51.99%，本科学历人员占比 44.01%，研究生及以上学历人员占比 4.00%（图 11-10）。

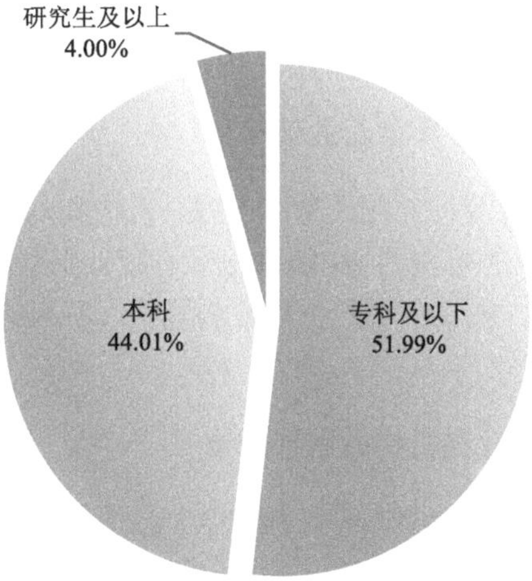

图 11-10　2021 年山东省质量检测人员学历情况

11.1.4　科研成果

全省质量检测行业科研积极性、科研水平较高，发明专利及论文数量较多。从地域分布情况看，济南、东营等市参编标准数量较多，济南、青岛申报发明专利数量较多，济南、潍坊、临沂、滨州等市发表论文（省级及以上）数量较多，课题研究（省级及以上）主要集中在济南（表 11-1）。

表 11-1　2021 年山东省质量检测机构科研成果汇总

序号	地区	参编标准/（次/项）	发明专利/件	课题研究（省级及以上）/项	论文发表（省级及以上）/篇
1	济南市	63	98	48	195
2	青岛市	13	163	4	50
3	淄博市	2	7	0	10
4	枣庄市	6	1	2	4
5	东营市	25	4	0	15
6	烟台市	3	38	4	41
7	潍坊市	0	15	3	78
8	济宁市	2	3	0	1
9	泰安市	2	13	0	37
10	威海市	3	19	0	0
11	日照市	1	5	0	2
12	滨州市	2	3	0	61
13	德州市	2	4	0	22
14	聊城市	4	16	0	34
15	临沂市	4	23	2	62
16	菏泽市	0	8	0	27

11.2 行业特点

11.2.1 行业规模快速扩大，小零散企业较多

2021 年，山东省质量检测行业发展持续向好，机构和从业人员数量稳步壮大，拥有覆盖全省各地、涵盖各专业的检测网络。随着山东省行业资质审批程序简化工作的推进，成立了一些检测项目单一、规模较小的质量检测机构，各机构间存在区域聚集、竞争激烈的现象。

11.2.2 市场基本放开，企业类机构占主导地位

2021 年，山东省各地质量检测市场已基本全部放开，原先隶属于各级政府工程质量监督部门的检测站、检测中心等事业单位大部分已改制为私企、国企或正处于转企改制过程中，一大批民营企业出现在行业队伍中。原先以政府背景为主导的检测市场格局被彻底打破，涌现出一批规模大、科研强、前景好的龙头企业。

11.2.3 行业结构持续优化，业务领域不断扩展

山东省部分质量检测机构不断扩充检测项目，除了从事建设过程中施工、验收的常规检测项目以外，还将检测服务工作延伸至市政基础设施、水利、交通等多个领域，为保障全省工程质量安全、建立健全质量保障体系和政府监管提供技术支撑。

11.3 经验和典型做法

11.3.1 设立高标准实验室

济南市提出检测自动化控制的理念，部分质量检测机构率先应用了检测过程自动化控制、检测环境自动化控制、试验气体自动化控制等先进自动化控制系统。建立检测过程影像、检测数据采集系统化集成系统，并逐步与建筑信息模型（BIM）技术有机结合，打造技术先进的高标准实验室。

1）检测过程自动化控制

混凝土抗压强度机器人自动化检测系统（图 11-11）：在样品识别、数据采集、速率设定上实现了自动控制，有效避免了人为干预，大幅提升了检测的效率和准确度。

2）检测环境自动化控制

检测环境自动化控制系统（图 11-12）：对有环境要求的试验场所，通过设置恒温恒湿设备和配套的温度湿度感应探头，按照预先设置的试验要求设置，自动调节室内温度和湿度，有效保证检测环境对标准要求的适应性，提升了检测的准确度。

3）试验气体自动化控制

试验用气体自动化集成控制系统（图 11-13）：室内气体集中控制，闭路环控，专人

管理。危险气体的使用采用气柜控制箱，当出现气体泄漏等安全隐患时，及时触发报警系统，并自动切断供气线路，避免事故发生。

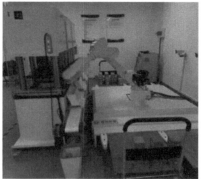

图 11-11　混凝土抗压强度机器人自动化检测系统

图 11-12　检测环境自动化控制系统

图 11-13　试验用气体自动化集成控制系统

11.3.2 创建绿色环保实验室

济南市首次确定了检测机构环保整体控制的理念，创建绿色检测实验室，对实验室全部污废物处理进行统一控制，做到零污染排放。

实验室污废物环保集成控制系统（图 11-14）：将全部实验场所产生的污水统一排入酸碱调节池，采用污水处理设备统一净化集中处理。将全部实验场所产生的废气输送至楼顶的集中处理设备，采用活性炭吸附箱、喷淋塔等设施进行吸附、液化处理，通过烟气集中排放口排放，排放出口设置感应装置，防止有害气体污染环境。上述措施的采用，标志着实验室真正做到了零污染、零排放。

图 11-14　实验室污废物环保集成控制系统

11.3.3 积极构建高科技监管平台

济南、青岛、济宁等市积极构建高科技监管平台（图 11-15），实现平台数据互联互通，信息资源共享，检测数据实时采集、实时上传、同步更新，减少人为因素，提高质量检测的科学性和公正性，形成公开、公平、透明、科学的监管机制和闭环管理模式。

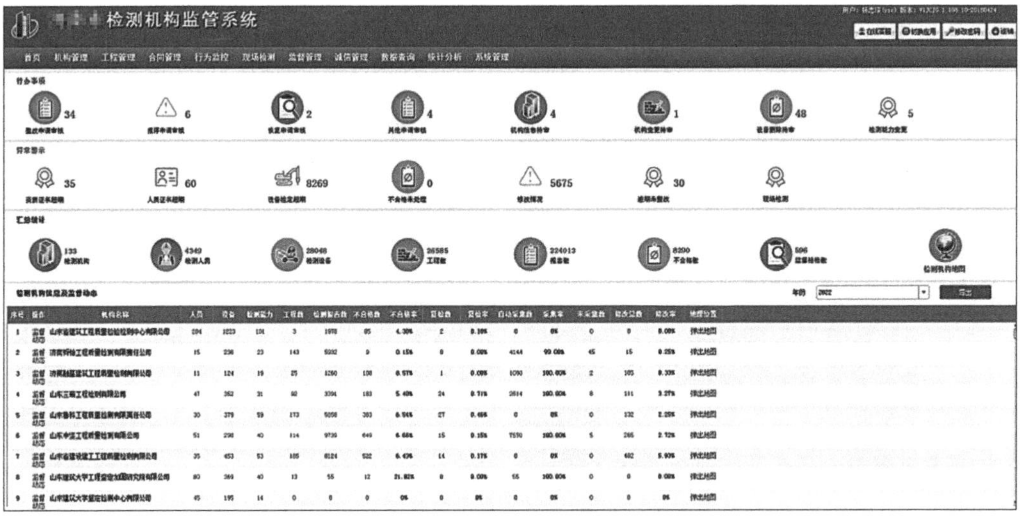

图 11-15　济南市检测机构监管系统

1）广泛应用二维码技术

济南、青岛、济宁等市已实现防伪二维码全覆盖。济南市检测机构出具的检测报告右上角带有二维码标志且有防伪水印（图 11-16），确保违规检测机构出具的检测报告不能作为竣工验收资料。青岛市 2016 年开始使用检测报告防伪二维码，2018 年将检测报告防伪二维码进行升级，严防二维码造假。济宁市住房和城乡建设局印发的《济宁市房屋建筑和市政工程质量检测监督管理办法》明确规定，"全部检测报告应在检测监管平台上出具，并采取'二维码'等统一、有效的防伪验证措施。未通过检测监管系统出具的检测报告及结果不得作为工程验收资料"。

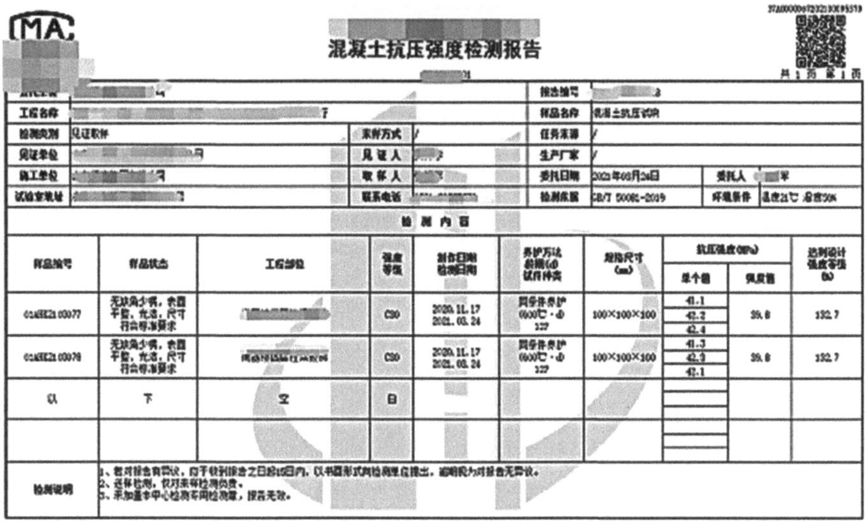

![混凝土抗压强度检测报告]

图 11-16　具有防伪措施的济南市工程质量检测报告

见证取样送检样品"二维码"追踪管理系统通过"互联网＋物联网"技术，以"防伪二维码"标识卡为纽带，配合手机 App、微信小程序和微信公众号，实现了全部检测报告、检测过程、混凝土质量追溯"码上查"、见证取样送检"码上办"（图 11-17）。

图 11-17　济宁市二维码样品追踪系统

2）人脸识别系统

在监管平台中设置"人脸识别"模块，通过人脸识别设备采集见证人员生物特征（图 11-18），采取动态识别，避免有人通过照片等方式冒充见证人员。系统通过一次人证核对，实现智能化见证取样管理。

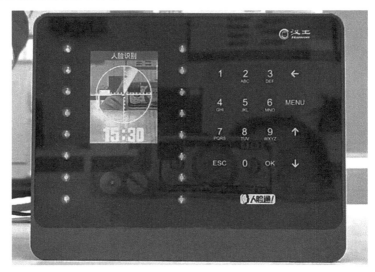

图 11-18　人脸识别设备

3）过程录像，GPS 微定位

在监管平台中设置"过程录像"模块，在原始记录中嵌入建筑材料力学检测过程图像，实现检测过程可追溯；设置"试验室录像集成模块"，可远程查看检测全过程，便于监管。对于现场检测，启用现场检测专用 App 监管模块，集成 GPS 模块（图 11-19）、人员特征识别，通过 GPS 微定位，实现检测轨迹定点跟踪设备二维码管理、人员设备检测轨迹留痕（图 11-20）。通过检测位置电子围栏设定、检测过程录像、远程数据上传等功能，实现对地基基础、主体结构等现场检测过程的有效追溯和管理。

图 11-19　安装 GPS 模块的车辆和行驶轨迹

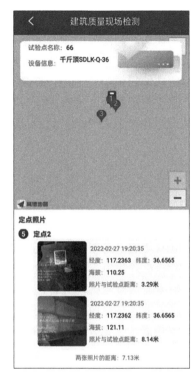

图 11-20　检测定点跟踪和检测轨迹

日常监管中,监督人员通过对检测机构业务受理、样品收取和流转至报告发放的全部信息、检测过程自动采集上传的数据、检测过程视频监控录像的核查分析,发现检测机构上传的基础数据、信息、监控录像有明显异常时,及时到检测现场进行检查核实,实现远程监管、精准定位、高效查处的监管效果。

例如通过监管平台远程查看数据,发现曲线与事实不符,经过现场核实,发现检测机构在现场未按标准检测(图 11-21)。

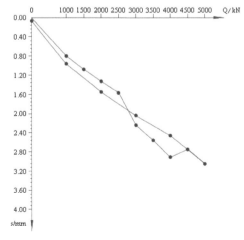

图 11-21　平台监控曲线和现场照片

4）不合格预警处置

在监管平台中设置"不合格报告预警处置"模块，凡出现检测结果不合格情况，监管平台将自动推送不合格数据及报告至"不合格报告预警处置"模块，并以监管平台首页提醒、手机 App 预警等方式，告知工程项目所在地质量监督机构，监督机构及时通知相应工程项目参建单位，要求其对不合格事项进行处理并报送处理结果。监督机构收到不合格事项处理结果并核实后，将书面处置情况上传至监管平台，达到闭环处理。

11.4 存在的问题或障碍

11.4.1 资质审批方面

近年来，国家大力推行"放管服"改革，2019 年底，山东省市场监督管理局也不再对检测机构现场类项目进行资质认定。自 2020 年 6 月起山东省质量检测机构申请专项类资质时不再要求提交认定材料，如此难以从源头确保检测机构具备进入行业合规开展业务的能力，给行业健康发展埋下了隐患。资质审批转至行政审批部门后，山东省住房和城乡建设厅并不能第一时间掌握检测机构认定信息，无法及时进行事中事后监管。

11.4.2 人员培训方面

近年来，国家大力清减职业资格证书，山东省自 2014 年开始取消对建设工程质量检测行业从业检测人员的统一培训、考核和管理。虽然质量检测机构可以选择参加社会培训机构组织的培训班，但不少机构为节约成本选择组织内部培训，培训往往流于形式，人员素质下滑，进而导致检测方法出现错误、检测质量控制有缺陷、检测操作不规范等问题的出现，阻碍了行业的健康发展。

随着质量检测机构数量不断增多，对检测技术人员的需求量猛增，多数新成立的机构为了尽快开展业务不得不聘用刚毕业或无相关工作经验的人员从事检测工作，这些人员缺少相应的专业知识，接受培训的质量又得不到保证，因此检测技术水平难以保障。

11.4.3 业务承揽方面

一是检测市场竞争激烈，部分经济发达市的质量检测机构数量众多，机构之间为了竞争业务采取各种手段，存在相互间恶意举报等现象。二是个别质量检测机构为承揽业务，任意降低检测收费标准，为获得检测合同而满足委托方提出的不合理要求。三是部分建设单位以低价中标来选择质量检测机构，或者把一个工程项目质量检测的业务内容拆分成若干个业务，让检测机构压低报价相互竞争，这不仅不能保证检测质量，而且会影响到检测的科学性和公正性，不利于检测市场的良性发展。四是个别地区存在变相保护现象，在质量检测机构数量较多的个别开发区、县，主管部门比较侧重于原事业单位改制的机构，存在行业垄断现象。

这种不健康的市场竞争必然导致检测工作质量下降，检测数据和结果的真实性得不到保证，给工程项目留下质量隐患。

11.4.4　检测行为方面

质量检测机构及其从业人员良莠不齐，受利益驱动，部分检测机构缺乏行业自律和职业道德，丧失了检测机构应有的公正与诚信，对工程检测结果极不负责，出具虚假报告，扰乱检测市场，带来大量的工程质量隐患，给建设工程质量监管部门的管理造成了极大的困扰。部分检测机构对于结构安全检测结果的不合格事项，未按照规定及时报告工程所在地建设主管部门。

11.4.5　监督管理方面

监管力量不足，保障措施不到位，阻碍了监管工作的正常开展。行业法规不健全，震慑力度不足，难以满足新形势下的监管要求。我国建设工程量的逐年增长和检测行业形势的不断变化，对质量检测机构的检测能力和主管部门的监管水平提出了更高的要求，而《管理办法》（建设部令第 141 号）已出台 17 年，在实施中存在着检测业务覆盖范围窄，检测资质分类、分级不全，不能满足建设工程质量检测实际需要等问题；其处罚力度的薄弱，处罚内容、方式等的不明确，也严重影响了行业主管部门的监管效力。

11.5　措施和建议

11.5.1　完善顶层法律法规建设

建议适当提高资质门槛，扩大资质范围，提高处罚力度。将已不再进行资质认定的检测项目纳入建设主管部门检测资质管理范围，明确开展此类项目的检测机构需要具备的人员、设备、场地等条件；明确质量检测机构异地开展检测业务应具备的条件；明确检测业务委托合同的业务内容及合同双方的权利、责任；明确见证取样人员应具备的条件、应承担的责任等，为检测行业监管提供坚实有力的抓手。建议明确检测费用在工程概预算里单独列支，由建设单位直接将检测费用支付给质量检测机构。

11.5.2　健全行业信用管理制度

是否拥有完善的信用管理制度是一个行业成熟与否的重要标志，当前国家层面和省级层面均已建立起信用管理制度体系，但在检测行业中尚缺少对信用等级的应用，导致不同信用等级的机构与人员在承揽检测业务、获得奖惩方面区别不大，应当进一步明确信用等级在检测企业招投标、申请资质等方面的应用。

11.5.3　建立从业人员考核培训制度

检测人员能力的优劣直接决定检测行为的准确性，新技术、新工艺、新材料的应用决定了检测人员需要不断学习新知识和新能力，统一系统的技能培训有助于检测人员全面快速掌握相关知识。但在当前国家推行减少准入类资格证书的大环境下，省级层面难以普遍设立相应制度，应当由国家层面建立检测从业人员考核培训制度，并将其作为必要条件之一纳入行业资质标准。

11.5.4 出台落实建设单位首要责任的具体措施

虽然 2020 年《住房和城乡建设部关于落实建设单位工程质量首要责任的通知》明确了建设单位在检测工作中应承担的相应责任，但该文件在实际监管应用中，仍存在个别条款内容不明确、具体执行难操作、违规处理无依据等问题。建议继续压实建设单位主体责任、规范建设单位的行为、增强建设单位对检测工作的重视程度，让检测工作真正成为建设单位评判工程质量的"利器"和"法宝"。

11.5.5 鼓励检测行业向信息化、智能化方向发展

根据住房和城乡建设部印发的《2016－2020 年建筑业信息化发展纲要》等文件要求，质量检测行业向信息化、智能化方向发展已是大势所趋，建议出台相关政策鼓励检测机构建立信息化管理系统，对检测数据采集、检测报告出具、检测信息上传等检测活动进行信息化管理；建议出台政策文件支持主管部门建立检测信息化监管系统，将检测机构纳入统一的平台进行管理，确保检测数据和结果的准确性、真实性和可靠性。通过推动信息技术与检测行业发展的深度融合，充分发挥信息化的引领和支撑作用，塑造检测行业新业态。

第 12 章　江苏省建设工程质量检测行业发展状况

12.1　概况

12.1.1　检测机构基本情况

　　江苏省参与此次调研统计的建设工程质量检测机构共 17 家。其中，企业注册资本在 500 万元以下的机构 3 家，占比 17.65%；500 万～1000 万元的机构 4 家，占比 23.53%；1000 万元及以上的机构 10 家，占比 58.82%（图 12-1）。

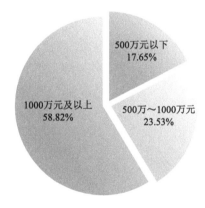

图 12-1　江苏省质量检测机构资本注册情况

　　在 17 家检测机构中：企业性质的机构 15 家，占比 88.24%；事业单位转企业性质的机构 2 家，占比 11.76%（图 12-2）。未经认定的高新技术企业 6 家，占比 35.29%；有 2 家

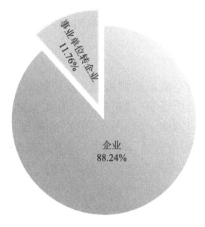

图 12-2　江苏省质量检测机构单位性质情况

企业在境内上市或在新三板挂牌，占比 11.76%。

在 17 家质量检测机构中：企业性质为民营企业的 11 家，占比 64.71%；企业性质为国有企业的 6 家，占比 35.29%（图 12-3）。

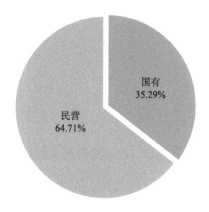

图 12-3　江苏省质量检测机构企业性质情况

在 17 家质量检测机构中：私人控股的企业 8 家，占比 47.06%；国有控股的企业 5 家，占比 29.41%；其他企业 1 家，占比 5.88%；集体控股的企业 3 家，占比 17.65%（图 12-4）。

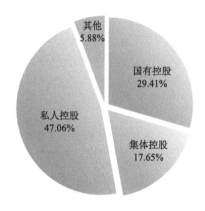

图 12-4　江苏省质量检测机构企业控股情况

12.1.2　资质证书情况

在 17 家检测机构中，所有质量检测机构均具有检验检测机构资质认定证书（CMA）和建设工程质量检测机构资质证书；15 家机构具有实验室、检验机构认可证书（CNAS），占比 88.24%；具有其他证书的机构 13 家，占比 76.47%。

17 家检测机构共拥有检测资质 147 项，其中，取得见证取样、地基基础、主体结构、钢结构、建筑节能、室内环境、建筑门窗和市政工程检测资质的机构均为 15 家，共计 120 项占全部 147 项检测资质的 81.63%；取得司法鉴定检测资质的检测机构 5 家，占比 3.40%；取得建筑幕墙检测资质的检测机构 9 家，占比 6.12%；取得其他检测资质的检测机构 13 家，占比 8.84%（图 12-5）。

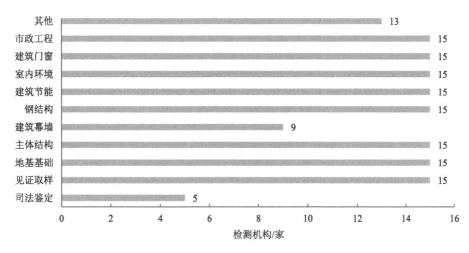

图 12-5　检测机构资质类别分布情况

12.1.3　江苏省质量检测人员情况

参与统计的 17 家质量检测机构的从业人员合计 2904 人。人员规模在 20～50 人的中等规模机构有 1 家，占比 5.88%；人员规模在 50～100 人的较大规模机构有 7 家，占比 41.18%；人员规模在 100 人及以上的大规模机构有 9 家，占比 52.94%（图 12-6）。

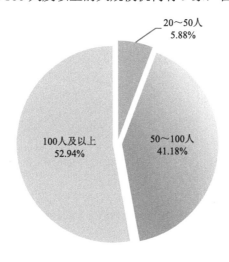

图 12-6　江苏省质量检测机构人员规模情况

学历方面，2738 名检测人员中，研究生及以上学历人员为 298 人，占比 10.88%；本科学历人员 1565 人，占比 57.16%；本科以下学历人员 875 人，占比 31.96%。其中，学历在本科以上的人员占比接近 70%。对比过往，检测行业的高学历人才队伍正逐步形成，但检测人员仍需提高检测技术水平和综合能力（图 12-7）。

专业技术人员方面，专业技术人员总数为 2157 人，其中，高级职称人员 456 人，占比 21.14%；中级职称人员 824 人，占比 38.20%；初级职称人员 815 人，占比 37.78%；其他注册资格人员 62 人，占比 2.88%（图 12-8）。

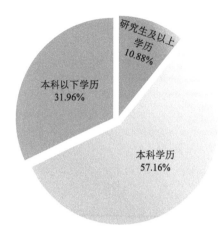

图 12-7　江苏省质量检测人员学历情况

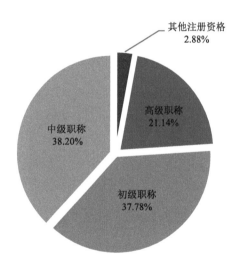

图 12-8　江苏省质量检测人员职称情况

12.1.4　业务状况

2021 年度，17 家检测机构营业收入总计 166533.40 万元。其中，营业收入 1000 万～3000 万元的检测机构 3 家，占比 17.65%；3000 万～5000 万元的检测机构 4 家，占比 23.53%；5000 万元及以上的检测机构 10 家，占比 58.82%（图 12-9）。

2021 年度，17 家检测机构利润总额 47072.06 万元，利润 100 万～500 万元的检测机构 4 家，占比 23.53%；500 万～1000 万元的检测机构 4 家，占比 23.53%；1000 万元及以上的检测机构 9 家，占比 52.94%（图 12-10）。

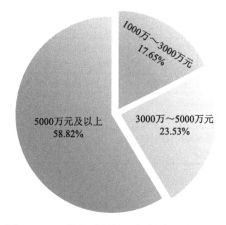

图 12-9   江苏省质量检测机构营业收入情况

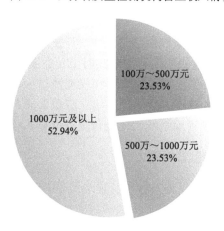

图 12-10   江苏省质量检测机构利润情况

12.1.5   跨地域发展

参与本次调研的检测企业中，在省外地区共设立 10 个分支机构。其中，取得检验检测机构资质认定的分支机构 2 个，出资金额合计 1000 万元。参与本次调研的检测企业均未在境外设立分支机构。

12.1.6   相关法律法规和政策文件

江苏省质量检测行业法律法规和政策文件见表 12-1。

表 12-1   江苏省质量检测行业法律法规和政策文件

法律法规和政策文件名称	主要目的
《江苏省房屋建筑和市政基础设施工程质量监督管理办法》	进一步明确建设工程质量检测机构的质量责任，并设置相应罚则，完善质量检测监管的法治基础
《江苏省建设工程质量检测管理实施细则》	保证建设部令第 141 号在江苏省更好地落地执行

续表

法律法规和政策文件名称	主要目的
《关于改变我省建设工程质量见证取样检测委托方有关事项的通知》	明确由建设单位委托检测，解决了原来由施工单位委托检测导致的责任不清问题
《关于实行建设工程质量检测综合报告制度的通知》	着力解决检测责任落实问题
《关于进一步加强我省地基基础工程检测管理的若干意见》	进一步强化地基基础工程的质量检测管理
《建设工程质量检测规程》《建筑地基基础检测规程》《装配整体式混凝土结构检测技术规程》	保证检测工作科学、公正、有序地开展

12.2 行业特点

12.2.1 政府的监管工作信息化、数据化

政府运用信息化手段加强质量检测监管工作，开发了"江苏省建设工程质量检测监管系统"，通过该系统实现了检测数据和结果实时上传。各地主管部门和监督机构利用实时查询机制，有效提高了质量检测监管效率和权威性。各地也积极采用信息化手段加强地方质量检测监管工作，如扬州、南通等市建立监理见证人员的指纹信息数据库，检测机构安装见证取样指纹识别管理系统，以规范见证取样工作。

12.2.2 对工程关键部位检测监管力度大

2020 年 12 月，江苏省出台了地方标准《建筑地基基础检测规程》，2021 年 10 月江苏省建设工程质量监督总站《关于进一步加强我省地基基础工程检测监管工作的通知》和《江苏省地基基础工程质量检测工作导则》，进一步规范地基基础检测行为，保证检测结果的真实性、可信度。各地积极采取有力措施，压实检测工作主体责任，确保地基基础工程质量。

12.3 经验和典型做法

12.3.1 实行质量检测综合报告制度

自 2021 年 2 月 1 日起，在工程开工前要由建设单位组织设计、监理、施工单位和质量检测机构共同编制检测计划，并明确由项目检测负责人负责实施；由质量检测机构在工程开工前，根据建设工程质量检测合同、检测计划、标准规范等，明确项目负责人负责检测方案的编制与实施；质量检测机构在完成检测合同约定的全部检测任务，对检测计划和检测方案实施情况进行汇总分析后，由机构项目负责人负责组织编制综合报告，在分部工程验收或竣工验收前提交建设单位。该制度改变了质量检测机构只对来样检测出具检测报告的单一检测行为，进一步体现了质量检测机构对工程检测的全过程参与，全面提升了质量检测机构的检测责任，为促进建筑业高质量发展奠定了坚实的基础。

12.3.2　实施质量检测机构信用管理

江苏省各地积极通过信用管理促进质量检测市场健康发展。苏州市组织开展年度全市建设工程质量检测机构信用评价工作，评价结果分为 A、B、C 三个等级，对质量检测机构实行差别化管理。扬州市将质量检测机构行为纳入市建筑市场各方主体信用评价系统，以信用评价系统作为行业监管的重要手段。淮安市建立建设工程质量检测企业信用平台，出台《淮安市建设工程质量检测企业信用考核实施细则（试行）》，建立检测行业诚信激励和失信惩戒机制。

12.3.3　制定质量检测技术指导文件

江苏省出台的《装配式混凝土结构现场检测工作指引》积极推进了建筑产业现代化进程，保障了装配式混凝土建筑工程质量。各市也结合当地实际情况出台了技术指导文件，例如常州市和南通市分别出台了《常州市建筑工程质量检测导则》、《南通市建设工程质量验收检测抽样技术导测（2022 版)》。

12.4　存在的问题或障碍

12.4.1　工程质量检测法律法规有待进一步完善

在《管理办法》（住房和城乡建设部令第 57 号）发布前，国家针对工程质量检测管理的主要文件是《管理办法》（建设部令第 141 号），该办法在对质量检测机构及人员违规行为的暂停业务、退出机制、争议解决等方面的规定还不够完善，对质量检测机构及人员的资质（资格）和异地检测等行为的规定相对较少，在打击违规行为时缺乏足够的依据；对恶意压价竞争等违规行为处罚力度太轻，违规违法成本太低，不能形成足够的震慑作用。

现阶段正值新旧资质标准过渡时期，贯彻落实《管理办法》（住房和城乡建设部令第 57 号）和《资质标准》，规范相关检测行为，更应注重稳中求进，以点带面推动工作全面开展。

12.4.2　工程质量检测市场仍存在着不良竞争

2015 年 11 月，江苏省省物价局发布《省物价局关于放开部分经营服务性收费的通知》（苏价服〔2015〕321 号），要求放开全省建设工程质量检测和建筑材料试验收费。为达到生存和盈利的目的，一些质量检测机构往往采取低价中标的手段，恶意竞争现象频频发生。

12.4.3　部分中小检测企业技术能力不足

近年来工程建设新材料、新工艺不断涌现，对相应的工程质量检测技术手段和检测能力提出了更高的要求。根据《省人力资源和社会保障厅关于取消我省自行设置职业资格的通知》（苏人社发〔2015〕344 号），江苏省建设工程质量检测人员职业资格已取消，但部分中小型质量检测机构仍存在检测技术能力不足的问题，人员从业资格管理机制亟待完善。

12.5 措施和建议

12.5.1 大力提升检测人员检测能力和综合素质

建设工程质量检测机构要全面提高检测人员的综合能力，重视人才培养，加强技术培训，如组织人员参加质量检测技术培训考核，内部开展专业知识宣传、检测标准更新培训活动，联系外来技术装备公司进行操作培训，派检测人员到先进检测机构参观学习等，不断增强技术储备和队伍素质，建立高水平、专业化的检测队伍。同时，加强对检测人员的法律法规和职业道德教育，促进检测人员不断提高自律意识，自觉抵制不良行为。

12.5.2 继续改善检测行业的市场环境

工程建设行政主管部门肩负着质量检测行业监督管理的职责，为了促进行业的良性发展，地方行政主管部门应该根据当地情况，有针对性地制定科学可行的指导性文件，深化工程质量检测在工程质量监督中的战略意义，提升建设方对于工程质量检测的认知，使其意识到这项工作的重要性及必要性。为了改善工程质量检测机构的生存环境，各级地方行政主管部门应加大监察力度，对于建设主体恶意压低质量检测标价等不良发标手段以及检测单位为了利益过分迎合委托方的行为予以严惩。

第 13 章　浙江省建设工程质量检测行业发展状况

13.1　概况

据统计，2021 年浙江省建设工程质量检测机构共 334 家，其中加入省市检测协会的机构 313 家。334 家质量检测机构中从业人员总数 15597 人，出具检测报告总数 10071030 份。

13.1.1　检测机构基本情况

334 家质量检测机构中，企业注册资本在 500 万元以下的 170 家，占比 50.90%；500 万～1000 万元的 84 家，占比 25.15%；1000 万元及以上的 80 家，占比 23.95%。企业注册资本在 500 万元以下的占比超过一半（图 13-1）。

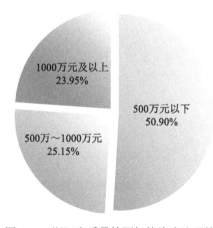

图 13-1　浙江省质量检测机构资本注册情况

参与此次调研的 334 家质量检测机构中，单位性质为企业的 295 家，占比 88.32%；事业单位转企业的 28 家，占比 8.38%；事业单位 11 家，占比仅为 3.30%（图 13-2）。未经认定的高新技术企业 257 家，占比 76.95%。仅有 5 家占比 1.50% 的检测企业在境内上市或在新三板挂牌。

从企业性质看，民营企业 221 家，占比 74.91%；国有企业 59 家，占比 20.00%；其他性质的企业 14 家，占比 4.75%；合资企业 1 家，占比仅为 0.34%（图 13-3）。

在 323 家（包含企业 295 家，事业单位转企业 28 家）企业性质的检测机构中，企业控股为私人控股的 224 家，占比 69.35%；国有控股的 76 家，占比 23.53%；其他 11 家，占比 3.41%；集体控股的 12 家，占比 3.71%（图 13-4）。

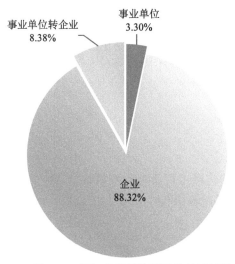

图 13-2 浙江省质量检测机构性质情况

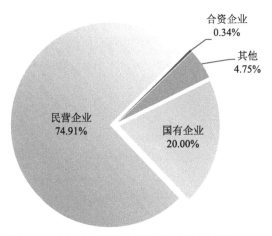

图 13-3 浙江省质量检测机构企业性质情况

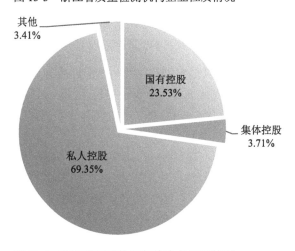

图 13-4 浙江省质量检测机构企业控股情况

13.1.2　资质证书情况

在 334 家质量检测机构中：具有检验检测机构资质认定证书（CMA）的 332 家，占比 99.40%；具有建设工程质量检测机构资质证书的 324 家，占比 97.01%；具有实验室、检验机构认可证书（CNAS）的 19 家，占比 5.69%；具有其他证书的检测机构 72 家，占比 21.56%。

334 家质量检测机构共取得 1179 项检测资质。其中，取得见证取样资质的 264 家，占比 79.04%；取得主体结构资质的 144 家，占比 43.11%；取得地基基础资质的 177 家，占比 52.99%；取得建筑节能资质的 112 家，占比 33.53%；取得建筑门窗资质的 75 家，占比 22.46%；取得室内环境资质的 116 家，占比 34.73%；取得钢结构资质的 86 家，占比 25.75%；取得市政工程资质的 112 家，占比 33.53%；取得其他资质的 35 家，占比 10.48%；取得建筑幕墙资质的 33 家，占比 9.88%；取得司法鉴定资质的 25 家，占比 7.49%（图 13-5）。机构间相同检测范围的参数差异大，部分检测机构需加紧扩项、增项。

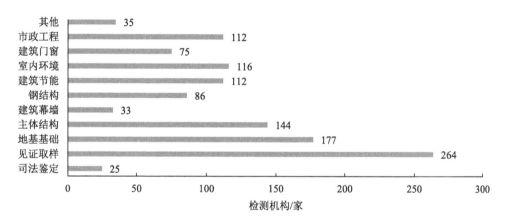

图 13-5　浙江省质量检测机构资质类别情况

13.1.3　检测人员情况

334 家质量检测机构从业人员合计 15597 人。人员规模在 20 人以下的小规模机构有 88 家，占比 26.35%；人员规模在 20～50 人的中等规模机构有 147 家，占比 44.01%；人员规模在 50～100 人的较大规模机构有 71 家，占比 21.26%；人员规模在 100 人及以上的大规模机构有 28 家，占比 8.38%（图 13-6）。

质量检测人员学历方面，研究生及以上学历人员为 702 人，占比 4.50%；本科学历人员 7267 人，占比 46.59%；本科以下学历人员 7628 人，占比 48.91%。其中，学历在本科及以上人员占比超 50%。对比过往，检测行业的高端技术人才队伍正逐步提升，但仍需提高质量检测人员的检测技术水平和综合能力（图 13-7）。

334 家质量检测机构拥有专业技术人员 10915 人。其中，拥有高级职称人员 2417 人，占比 22.14%；拥有中级职称人员 3813 人，占比 34.93%；拥有初级职称人员 3178 人，占比 29.11%；注册资格人员 1507 人，占比 13.82%（图 13-8）。

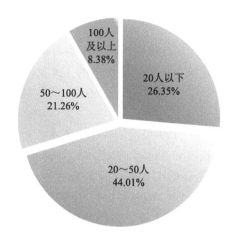

图 13-6   浙江省质量检测机构人员规模情况

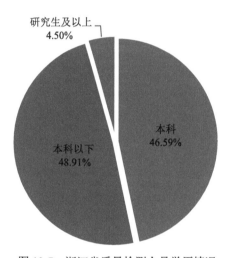

图 13-7   浙江省质量检测人员学历情况

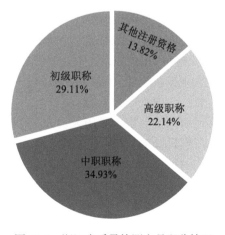

图 13-8   浙江省质量检测人员职称情况

13.1.4　业务状况

334 家质量检测机构营业收入总计 704698 万元。其中，营业收入 1 万元以下的机构 11 家，占比 3.29%；1 万～500 万元的机构 95 家，占比 28.44%；500 万～1000 万元的机构 59 家，占比 17.66%；1000 万～3000 万元的机构 106 家，占比 31.74%；3000 万～5000 万元的机构 32 家，占比 9.58%；5000 万元及以上的机构 31 家，占比 9.29%（图 13-9）。

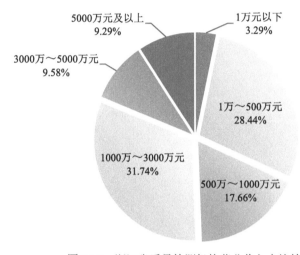

图 13-9　浙江省质量检测机构营业收入占比情况

334 家质量检测机构利润总额为 103120 万元。其中，利润 1 万元以下的机构 68 家，占比 20.36%；1 万～100 万元的机构 119 家，占比 35.63%；100 万～300 万元的机构 79 家，占比 23.65%；300 万～500 万元的机构 19 家，占比 5.69%；500 万～1000 万元的机构 24 家，占比 7.19%；1000 万元及以上的机构 25 家，占比 7.49%（图 13-10）。

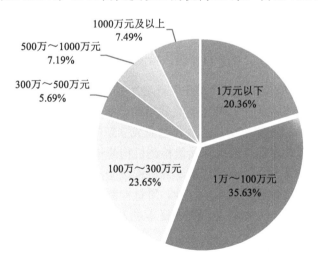

图 13-10　浙江省质量检测机构利润占比情况

13.1.5 跨地域发展

参与本次调研的 334 家检测企业中，在省外地区共设立 78 个分支机构。设立 0 个分支机构的企业 319 家，占比 95.51%；设立 1～5 个分支机构的企业 11 家，占比 3.29%；设立 6～10 个分支机构的企业 3 家，占比 0.90%；设立 20 个以上分支机构的企业 1 家，占比 0.30%（图 13-11）。其中，取得检验检测机构资质认定的分支机构 12 个；向省外直接投资设立检测机构 1 家；出资金额 540 万元。参与本次调研的检测企业均未在境外设立分支机构。

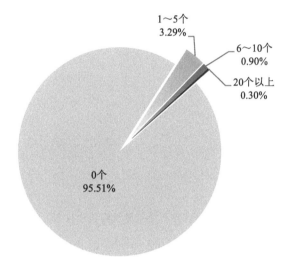

图 13-11　浙江省质量检测机构省外地区设立分支机构情况

13.2　行业特点

13.2.1　检测机构数量大幅增加，更多投资进入检测行业

2021 年新增质量检测机构 26 家，2020 年新增 7 家，相比 2019 年及之前，新增质量检测机构和接受培训的人员数量都有了明显的增加，预计 2022 年会有更多新的质量检测机构出现，有更多的原检测机构从业人员创业成立新的检测公司。

一方面是收购、控股、参股、新成立质量检测机构的情况不断出现，另一方面是质量检测机构投入的资金在增加，自有检测基地的机构越来越多。从浙江省质量检测行业的产值和利润情况看，相比建设工程其他行业，质量检测行业利润率明显偏高，因此也吸引了不少与行业相关或了解一些行业情况的资本进入检测行业。

13.2.2　跨区域、跨行业机构增多

浙江省资质较齐全的检测机构，基本都在省内、省外设有分公司，最多的一家有数十个分公司。除了从事建设工程行业的检测，不少机构同时从事其他检测活动。如全省

316 家独立法人检测机构中，从事人防工程检测的 7 家、从事公路水运工程试验检测的 17 家、从事工程勘察的 16 家、从事建设工程质量司法鉴定的 66 家、从事水利工程检测的 16 家、从事测绘的 6 家、从事防雷检测的 12 家、从事消防检测的 3 家。另外，从事产品质量鉴定、特种设备检测、建筑起重机械检测、分户验收、公共卫生检测的也有若干家。

13.2.3　专业技术人员需求仍然很大

质量检测机构的发展、市场的继续扩大和业务量的增加都对专业技术人员的检验能力和工作质量提出了更高的要求，但是具有检测培训合格证的人员依旧较少，能独立开展检测工作的检测技术人员更加不足。

13.3　经验和典型做法

13.3.1　线上线下相结合的理论培训及考核工作

理论培训采用线上与线下相结合的方式进行；授课老师由浙江省工程建设质量管理协会（检测分会）专委会成员和各地市相关专家组成。

由协会组织，严格按建设部令第 141 号附录中各项资质规定的必备检测项目所对应的检测标准，编制了全省统一的培训大纲。根据培训大纲，组织专家编制了培训理论知识题库，并将其公开发布在网站上，同时公布参考答案，以便学员更好地掌握理论知识。

理论考核采用计算机随机组卷形式进行，学员提交试卷后即时生成理论考核成绩。理论考核由各地市培训负责单位组织实施。协会实时收到各培训单位上报的数据后及时在网站公布，以方便学员查询，同时提高了理论考核的可信度。

通过以上方式，引导质量检测行业从业人员自觉学习，不断提高从业人员的专业理论知识水平，杜绝了以往笔试过程中的弄虚作假行为。

13.3.2　实践操作考核工作

浙江省工程建设质量管理协会检测分会组织制定全省实操考核和抽验原则。鉴于实操考核工作量非常之大，明确实操考核采用抽验方式，各地市培训负责单位为实操考核抽验主体，负责本地区的实操考核抽验工作，并对抽验结果负责。协会负责实操考核抽验的指导和监督以及实操考核抽验后续其他相关事务。为确保实操考核抽验科学严谨，协会要求软件公司按照"科学设置指标，细化工作措施，严格考核标准"的原则，开发"实操抽验软件"，确保了抽验过程的公开、公平、公正。

实践操作培训由质量检测机构依据培训大纲自行培训或委托其他有能力的质量检测机构培训，内容应包括《浙江省房屋建筑和市政基础设施工程质量检测管理实施办法》（浙建〔2020〕2 号）附件 1 "建设工程质量检测业务内容"中规定参数的试验过程、数据处理和分析、报告编制等。

实操考核小组由协会专委会成员和各地市协会相关专家组成，考核专家 2 人一组，考核过程全程视频录像，考核结束当场给出考核通过或不通过的结果，对考核结果可以当场提出异议，对异议应当场复核并回复。

通过以上措施，保证了实操考核严格、平稳、有序地进行，既检验了从业人员的实践操作能力，又为清理检测队伍中的非检测人员打好基础，浙江省至今未发生因存在异议而推翻考核结果的情况。

13.3.3 省主管部门加大监管力度

从 2020 年开始，浙江省住房和城乡建设厅重新启动对全省检测机构和混凝土生产企业的检查。检查采用抽查方式，以工程为主线，临时抽取工程项目进行检查，抽到的工程分两个检查组进行检查，一组检查混凝土生产企业，一组检查质量检测机构。工程现场检查与检测机构检查同步进行，对检测机构主要核查样品留存、检测质量、量能匹配情况。检查组中配备行政执法人员，技术专家异地调用，若发现问题，现场启动执法程序并将结果录入政务系统。以这种方式进行的检查至今已经开展两次，对检查中发现的弄虚作假问题，浙江省住房和城乡建设厅发布检查情况，为全省的检测市场敲响了警钟。

为加强预拌混凝土质量管理，规范工程质量检测市场秩序，浙江省住房和城乡建设厅召开质量检测机构和预拌混凝土企业约谈会，对杭州、温州、嘉兴、金华、衢州、台州、丽水等市的建设行政主管部门及存在违法违规行为的部分质量检测机构和预拌混凝土企业进行集中约谈。会议通报了全省质量检测机构和预拌混凝土质量监督执法检查情况，针对检查发现的问题，剖析原因，明确下一步工作要求。会议听取了被约谈地区建设行政主管部门的工作汇报，有关企业代表进行了表态发言。

13.4 存在的问题或障碍

13.4.1 检测行业人员职业道德缺失，行业存在恶性竞争

职业道德缺失的已经不只是个别检测人员，从查处的案例可以看到，弄虚作假已经是一些质量检测机构的集体行为和主观故意。价格及检测质量已经不适用"竞争"与"底线"二词，比的是胆量与下限。质量检测机构内最强大的部门不是检测部门而是业务部门，购买设备认证更多参数后，抢到更多业务是很多质量检测机构的既定发展模式。

13.4.2 从业人员培训需求大，培训效果微小

虽然协会制定的理论培训的教材以标准和实际检测需要用到的基础知识为主，理论考核题库和参考答案都是公开的，但理论考试合格率也只有 58.24%；实际操作考核也是从已明确的 3 个检测项目中抽查一个，但仍有 16%的人不合格。不合格的人员也未停止从业，继续从事检测工作。因此，从业人员的培训需求非常大也非常有必要，质量检测机构也很希望对从业人员进行培训，但住房和城乡建设部已经取消了检测人员上岗证件，各级主管部门从给企业减负的角度，严格限制开展培训工作，浙江省内有部分城市的协会因培训工作被主管部门约谈，部分城市的质量管理与检测协会想开展培训工作，但困

难重重、顾虑重重。

13.4.3 行业监管力度不足

质量检测机构多且在全省乃至全国各处发展，行业协会对质量检测机构的真实经营情况无从了解，对质量检测机构违法违规情况也缺少正规的了解渠道。主管部门对于行业的检查、监管、处罚力度不够，从已经查处的弄虚作假行为看，只通过罚款的方式处罚对质量检测机构以及市场的震慑力还是有限的。

13.5 措施和建议

13.5.1 从法律层面加大对违法违规行为的处罚力度

主管部门应加大对违法违规行为的处罚力度，提高质量检测机构及个人违法违规行为的成本。上位法要适应形势及时修订和出台。修订的上位法对监督和处罚的力度要加大，对于主观故意弄虚作假的机构，罚款没有实质性作用，对行业其他机构也没有警示作用，较低的违规成本某种意义上可能还起了反向引导的作用。必须要有停业整顿、吊销资质等严厉处罚措施。

13.5.2 创新检查方式和手段

每次检查要有重点。每次检查宜只检查一项或几项问题，重点查处那些当前情况下性质最严重、最恶劣的问题。查处过程体现短平快的特点，因为短平快可以提高频次，有利于保持常压态势。如果每次检查大而全，专家不写几条整改意见很难结束，结果是被检查到的机构在整改，而未检查到的"问题机构"却被掩盖其中。

多部门、多行业联动检查。现在很多质量检测机构是一套班子数块牌子，或者是同时从事多个行业的业务，单一行业或部门的检查只检查自己分管的业务情况，机构也只需要提供该分管业务的资料，很难发现整体情况下的问题。很多时候是单一部门的检查，检测机构情况良好，但实质情况是质量检测机构的整体量能完全不匹配。

检查应采取检查人员异地调用、引入现场执法人员和现场执法等方式，当场固定证据、当场开启政务系统的处理程序，堵住说情漏洞。检查结果应上传至全国统一的网站上发布，便于信息公开。

13.5.3 积极发挥协会组织协调机制的作用

建议行业协会要求质量检测机构逐月上报完成的检测报告清单。这里是建议机构上报完成的所有的报告，包括未加盖检验检测专用章或标注资质认定标志的报告，因为这些报告一样是需要动用机构的资源来完成的。清单的信息可以包括工程属地，以方便属地主管部门和协会了解机构情况和对其进行监管。

此外，还要加强各省市协会之间的协同联动，通过监督检测分会平台，及时通报各地质量检测机构的违法违规信息，打通信息孤岛，实现协会间信息资源共享，共建行业的大数据库,让一处违法,处处受制变成可能。

协会还应联合检测机构和相关部门共同制定行业协会规范,将从业人员的自律、诚信评价、虚假报告判定、检测场所视频全覆盖等作为行业协会的标准要求,如此,各地协会就更能平稳有序推进检测机构和人员的信用评价体系建设,充分发挥检测协会的作用,实现行业自律。

第 14 章　河南省建设工程质量检测行业发展状况

14.1　概况

2021 年是河南省建设工程质量检测机构数量增加最多的一年，新注册机构及跨领域增注 40 多家，总体达到 446 家。其中，国有企业占比 10.00%，民营企业占比 90.00%。经检测协会培训并考核通过的检测机构从业人员共 11099 人（图 14-1）。

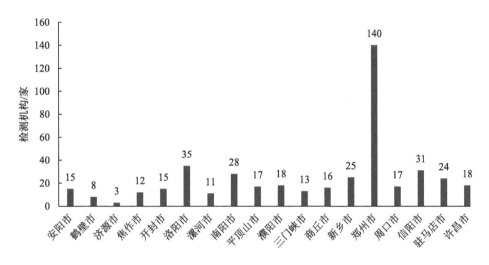

图 14-1　河南省质量检测机构数量分布

河南省建设工程质量检测机构归属两个部门管理：一是河南省市场监督管理局，二是河南省住房和城乡建设厅。

河南省市场监督管理局对检验检测机构的认证全部委托技术评审组完成，技术评审组按照相关的规范要求和规定的程序对检验检测机构进行评定。取得 CMA 资质认定的检验检测机构基本具备从事所申请参数检测的仪器设备和环境条件，但技术人员数量较少，技术和质量管理能力较弱，质量保证体系仅仅形成一个架构，不能融入机构的管理活动中，起不到质量保证的作用。河南省市场监督管理局负责全省各个行业的检验检测机构（全省约 4000 家）的管理，其对检验检测机构的监管仅限于每年一次的"双随机、一公开"检查和能力验证活动，建筑工程检验检测机构被抽中的比例不足 5%，而且对监管过程中发现的违法违规行为处罚较轻，起不到警示和威慑作用。

河南省住房和城乡建设厅对行业内检验检测机构的管理也是通过"双随机、一公开"检查和不定时的专项检查完成的，检查基本是一年一次。各地市及县级以上建设主管部门对检验检测机构也有管理职能，具体的管理办法不一。

14.2 管理措施

14.2.1 优化资质审批流程

从 2021 年 5 月 1 日起，河南省对建设工程质量检测机构资质延续、增项和首次申请审批流程进行优化，取消专家评审，在公示期间委托检测机构所在地主管部门进行现场核查。具体流程如下。

申请。企业符合规定的审批条件，通过"河南政务服务网"进行建设工程质量检测机构资质延续、增项和首次申请，如实填报"建设工程质量检测机构资质申请表"，按要求签字、盖章、扫描上传。

受理和公示。对符合受理条件的申请，省住房和城乡建设厅受理后，通过厅门户网站公示申请内容，公示期 10 个工作日，接受社会监督。

审批。公示期间，省住房和城乡建设厅委托各省辖市、济源示范区、省直管县（市）等住房城乡建设主管部门对辖区内申报企业进行现场核查。对申请延续的企业，核查质量控制体系运行情况、中级及以上职称人员和注册人员等关键岗位人员履职情况，并抽取、复核检测报告，核查企业质量行为、市场行为。对申请增项的企业，核查增项资质应具备的场所环境、人员配备、仪器设备、档案管理等内容，考核人员的理论知识和实际操作技能，并针对已取得的资质，抽取、复核检测报告，核实企业质量控制体系运行情况、中级及以上职称人员和注册人员等关键岗位人员履职情况，核查企业质量行为、市场行为。对首次申请的企业，核查申请资质应具备的场所环境、人员配备、仪器设备、档案管理等内容，并考核人员的理论知识和实际操作技能。

公告。对公示期间未收到举报，经企业所在地主管部门核查符合申报条件的企业申请，省住房和城乡建设厅作出书面决定并在厅门户网站向社会公告，同时为企业颁发资质证书。

14.2.2 取缔分支机构和多场所试验室

考虑到检测工作连续性，为保证检测质量，根据《河南省建设工程质量检测管理办法》（豫建〔2016〕127 号）的规定，取消检验检测机构的多场所。从通知印发之日起至 2021 年 6 月 30 日为过渡期。过渡期内，现以分支机构或多场所形式开展检测业务但未完成合同约定内容的检测机构，可主动申请解除合同，经建设单位、工程所在地住房城乡建设主管部门同意后，由其他具有相应资质的检测机构重新签订合同，完成剩余检测任务；也可及时主动告知工程所在地住房城乡建设主管部门，明确责任人员，自觉接受监督，并于过渡期内按规定程序完成剩余检测任务，逾期不能完成的，由该检测机构依法依规重新签订检测合同，完成剩余检测任务。至 2021 年年底，全省 132 家分支机构或多场所实验室基本全部关停或转注册。

14.2.3　强化事中事后监管

严格现场核查。各地要以检测机构是否满足标准要求及开展业务需要为重点,以专业技术人员理论知识和实际操作技能考核为抓手,认真做好现场核查,切实把好准入关。省住房和城乡建设厅将随机抽取质量检测机构,复核资质申请内容及机构所在地主管部门现场核查工作开展情况。对存在隐瞒有关情况或者提供虚假材料申请资质,以欺骗、贿赂等不正当手段取得资质证书,不再符合相应资质标准的质量检测机构,将依法依规严肃处理。对履职不力,工作不实不细、不严不真的主管部门,将在全省通报批评。

加大监管力度。各地要将随机抽查、专项检查与日常监管有机结合,通过监督检查、现场能力验证、实验室间比对、技术人员实操考试等综合施策,督促检测机构严格落实内部质量控制体系,主动提升检测能力水平。对存在注册人员证书挂靠、超资质经营、出借资质、伪造检测数据、出具虚假检测报告及 2021 年 6 月 30 日以后仍以分支机构或多场所形式开展检测业务的检测机构,一经发现,省住房和城乡建设厅将立即对该检测机构进行核查,依法依规严肃处理存在问题,并在全省通报核查情况。

提升监管效能。各地要充分发挥工程质量安全监管平台功能,通过信息化监管,实现对检测行为、检测合同、检测数据、检测报告、检测设备、检测人员等的实时动态监控。积极推行差异化管理,正向激励,分类施治,切实提升监管效能。对市场行为规范、信用良好的企业,申请资质延续时可免于实地核查,申请资质增项时,可仅核查增项资质有关内容,免于核查已取得资质有关内容。对管理不规范、检测能力弱、问题多发的企业要重点监督。

14.3　经验和典型做法

14.3.1　推行检测标准化

为规范检测人员行为,保证建筑工程检测质量,提高检测机构整体水平,郑州市工程质量监督站制订了见证取样、主体结构、地基基础、建筑节能、室内环境标准化检测实施方案。该标准化实施方案根据各专业特点按照检测类别、方法分别编制,对签订合同、资料收集、人员、设备、检测方法、数据处理及保存、报告格式、影像资料等方面都做了详细的规定。该标准化实施方案一经推出,得到省市建设主管部门好评,并推行到全省实施。

14.3.2　取缔分支机构与多场所实验室

近几年,检测机构为了降低成本、多承揽业务,在全省区域内设置大量的分支机构或多场所实验室,总数达到 132 个,有些机构多场所实验室在全省多达十几个。分支机构与多场所实验室一般不在营业执照注册地,注册地建设主管部门无法监管,而其实验室所在地又没有工商注册,非独立法人,当地监管机构也不愿意监管,因此出现监管空白。在无监管情况下,这些分支机构与多场所实验室的质量保证体系形同虚设,检测数据的真实性不能保证。河南省住房和城乡建设厅发现问题后，及时出台政策取缔分支机构与多场所实验室，取缔后大部分分支机构与多场所实验室关停，少部分重新注册成立了独立法人检测机构。全省检测机构整体质量有了明显提升。

14.4　呈现的特点

14.4.1　检测手段智能化

随着科学的发展，建设工程质量检测的技术有了大幅度提高，主要表现为各种电子和机械自动化的测量方式将代替传统的人工测量方式，通过微机及专用软件实现测试数据的自动采集、记录和统计计算分析等功能。大量新的建设工程质量检测技术和仪器将逐步被运用于检测业务，检测手段不断提高，检测装备和检测环境不断发展，检测精度不断增强，检测综合能力大大提高。

材料试验中用到的压力机、拉力机，主体结构检测中用到的声波透射仪、回弹仪都能实现自动记录、自动存储；地基基础检测中用到的静载荷测试仪、高低应变测试仪和室内环境检测用到的色谱仪、分光光度计等都能自动记录、自动采集，甚至自动分析。检验检测智能化程度越高，人为干预程度越低，检测结果公正性越强。但目前这些设备在建筑工程检测设备数量中的占比还比较低，未来应该大力发展智能化设备，加速提高检验检测工作效率，提高检验检测的公正性。

14.4.2　监管方式信息化

建设工程质量监督部门为了保证工程质量，不断改善、提高监管手段。不少市级监督部门都建立了网络化的监管平台，通过监管平台，可以实现检测样品的自动识别，保证了样品的真实性；检测数据实时上传，保证了检测数据的真实性；检测报告系统自动生成，保证了报告的真实性；检测时的监控视频通过网络随时可以观看，保证了检测过程的真实性。这样就使得检测机构不能作假、不敢作假，保证了检测结果的真实、准确。

监管平台中登记、注册了辖区检验检测机构的企业信息、人员信息、设备信息、检测报告信息，部分重要检测数据及检测不合格情况通过平台化监管，监督人员可以实时看到检测数据以及相关合格率情况，做到精准把控，高效监管。

建设工程质量检测协会为了保证市场竞争的公正性，也自觉地采用了信息化监督。例如，一个区域建立一个微信群，本区的检验检测项目信息、检测过程视频、合同信息都传到这个群里，供大家共同监督。

14.4.3　检测机构数量快速增加

2021 年河南省检验检测机构数量增加了 40 多家，原因主要有两个：一是河南省住房和城乡建设厅取缔了检验检测机构分支机构和多场所实验室，部分分支机构和多场所实验室转注册成独立法人的检验检测机构；二是《河南省建设工程质量检测管理办法》（豫建〔2016〕127 号）规定的资质门槛较低，如单项资质要求专业技术人员不少于 10

人，其中不少于 4 人具有中级及以上职称，计量认证只要求类别，没有要求参数数量，设备也没有数量要求。资质审查时，有职称人员是不是真正在本单位工作也没有办法查证。如此，新的检验检测机构很容易成立。

14.4.4　市场萎缩，业务量急剧下滑

从 2021 年下半年开始，由于国家房地产政策的调整，房地产公司出现了严重的资金短缺，个人买房按揭贷款困难，建成的房子卖不出去，在建工程停工，企业放假、裁员现象比比皆是，房地产业生存面临着前所未有的挑战。建设工程质量检测作为房地产业的配套产业也不能幸免，业务量消减 30%～40%，尤其是小的质量检测机构业务量更少，面临生存困难的局面。

14.4.5　恶性竞争严重

质量检测机构数量多、人员多、检测项目少，为了生存，为了多接项目，质量检测机构竞相压级压价，甚至是以低于成本价格承揽业务，形成恶性竞争。

河南省一直没有建设工程质量检测方面的收费依据及计价标准，造成质量检测市场收费混乱，各地区间同类检测收费差异巨大，存在质量检测机构低于市场成本价格承揽检测项目的现象，严重影响全省质量检测行业的健康发展，无法保证建筑工程质量，无法同当前规范化标准化行业管理和社会高质量发展的需求相适应。

14.5　存在的问题、困难及建议

14.5.1　检测费拖欠严重

国家对房地产市场信贷的限制、企业和个人诚信的缺失、房地产政策的缺陷，导致质量检测机构在完成检测工作之后收不到检测费，大的质量检测机构应收款达到几千万元，小的质量检测机构也有数十万至数百万元；很多房地产公司甚至是政府性质的投资公司，都存在检测费的拖欠现象，有的即使有钱也不付款，给质量检测机构的运转带来很大的困难，质量检测机构也会拖欠仪器设备厂商、材料厂家的货款及员工工资，由此形成大的拖欠网链。

建议：①建设单位项目开工前购买工程项目投资保险，一旦工程款不能按期支付时，由保险公司代付；②项目预算中检测费用单列，专款专用，质量检测报告提交前先付款。

14.5.2　检测机构人才引进难

从整个建筑行业来看，建设工程质量检测机构从事的相关工作专业面比较局限，且本地建筑工程质量检测行业工资待遇整体较低，想要找到专业相关、业务能力强、学历较高的人才是比较困难的，不利于质量检测机构人才的引进，更不利于检测机构能力的提高和发展。

建议：质量检测机构从业人员加强自我培训、学习；参加行业培训。

14.5.3 市场竞争激烈无序

一方面，随着检测市场的放开，检测机构和检测从业人员进入检测行业的门槛降低，外地检测机构跨区域开展检测业务逐渐增多；另一方面，本地区检测机构数量增加，且基本上均在本地区开展业务，市场竞争激烈，虽然在检测市场管理方面采取了一些控制手段，但检测市场容量有限，质量检测机构为争抢检测业务而互相压价、无序竞争的现象比较突出。

建议：①发挥协会作用，加强行业自律和内部监督。目前，监督部门监督人员数量少，技术力量薄弱，不能对质量检测机构的检测行为全面监督，但监督部门可以利用大的质量检测机构和检测协会的力量进行监督，协会各专业组按照协会的自律公约，组织专家进行经常性的检查，专家组对协会、对监督站负责，监督人员不定时参与抽查。②支持质量检测机构之间重组、整合。包括建设工程质量检测机构之间整合，也包括建设工程质量检测机构和其他食品、机动车检测机构乃至勘测规划设计公司之间整合，抱团取暖。

14.5.4 缺少收费依据

河南省一直没有建设工程质量检测方面的收费依据及计价标准。有建设单位以预算定额建安直接费中包含有试验费，且这部分费用已在施工合同中为由，拒绝支付相应试验费用；政府项目也因为没有相关收费依据及计价标准，无法在投资中准确计算工程检测费用，最后造成工程投资超出概预算，或者为了不超概预算，就减少质量检测数量，甚至弄虚作假。

建议：编制独立的质量检测预算定额，把检测费用从施工定额中剔除，施工合同不再含检测费，才能真正由建设单位委托质量检测机构从事检测业务并承担检测费用，使质量检测机构不再屈服于市场经营压力而依附于施工企业，而是依法依规、独立自主、科学公正地开展检测活动并确保检测质量。

14.5.5 各地市监管平台不统一

各地市为了加强质量检测事中事后监管，建立了自己的信息化监管平台，要求凡在本地区从事质量检测活动的机构都必须进入监管平台，这样大的质量检测机构跨地区经营时，要在各地注册不同的监管平台，无疑给机构增添了额外费用和麻烦。

建议：全省建立统一的建设工程检测监管平台，充分利用网络信息化手段，达到省、市、县三级建设行政主管部门对工程质量检测实施同步有效监管的目标，同时也减轻企业和各地市监管机构的负担。

第 15 章　湖北省建设工程质量检测行业发展状况

15.1　概况

15.1.1　检测机构情况

2021 年，湖北省检测机构总量与 2020 年相比增加了 34 家（其中：省内质量检测机构新增 11 家，注销或资质过期未延续 10 家；分支机构新增 39 家，外省进鄂检测机构退出 6 家），增长数量相比前两年明显放缓，但新增分支机构较上年增加了 30%，一些检测机构以此方式扩大检测规模，抢占市场份额。

2021 年，湖北省具备省住房和城乡建设厅颁发的建设工程质量检测资质的机构达 314 家（图 15-1），其中：武汉市质量检测机构数量最多，约占全省总数的 37.90%；其次是宜昌市和襄阳市，这三个地区质量检测机构占总数的一半以上，与三地 2021 年的建筑业产值基本匹配。另有分支机构（或分场所）170 家，武汉市分支机构（或分场所）最多，约占总数的 20.59%；恩施土家族苗族自治州分支机构数量次之，约占总数的 17.06%。分支机构的设置主要视当地的建筑业规模、检测能力和检测市场开放程度而定。武汉市建筑业规模最大，所以需要不同类型的质量检测机构也最多。恩施土家族苗族自治州处于湖北省西部偏远地区，当地质量检测机构不能完全覆盖所有检测项目参数，故各地质量检测机构在恩施土家族苗族自治州设立分支机构较多，也是对当地检测能力不足的补充。

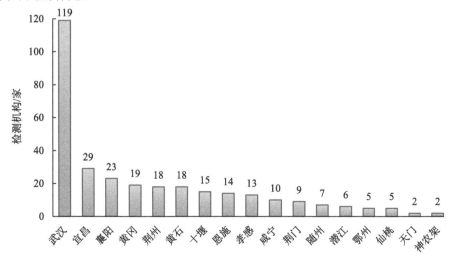

图 15-1　湖北省质量检测机构分布情况

15.1.2 检测机构人员规模情况

湖北省大型综合性质量检测机构较少，484 家检测机构（含分支机构）中，检测人员规模在 20 人以下的有 329 家，占比 67.98%；人员规模 20～49 人的有 124 家，占比 25.62%；人员规模 50～99 人的有 26 家，占比 5.37%；人员规模 100 人及以上的仅有 5 家，占比 1.03%（图 15-2）。与全国其他先进地区相比，湖北省质量检测机构的规模、综合检测能力、人员技术水平仍有很大的发展空间。

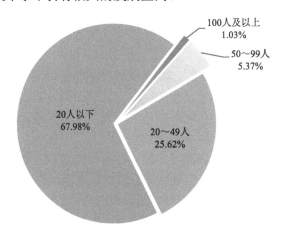

图 15-2　湖北省质量检测机构人员规模情况

15.1.3 检测机构资质和专业人员分布情况

2021 年，在各项制度的落实完善下，新成立的质量检测机构专项检测资质更加全面，基本上覆盖了见证取样检测资质和主体结构、设备安装、地基基础、室内环境、建筑节能等 5 个专项检测资质，与 2020 年相比，见证取样和地基基础检测专项增项较多，钢结构检测专项由于对检测人员的专业技术要求相对较高而增项最少，建筑智能化检测专项由于市场需求较小而没有增加，检测市场杠杆调控效应充分显现。

2021 年，湖北省质量检测机构从业人员共 9592 人，有见证取样检测资质的机构 443 家，检测人员 6273 人；有主体结构检测资质的机构 298 家，检测人员 4779 人；有设备安装检测资质的机构 278 家，检测人员 3176 人；有室内环境检测资质的机构 216 家，检测人员 2518 人；有建筑节能检测资质的机构 206 家，检测人员 2610 人；有地基基础检测资质的机构 188 家，检测人员 3977 人；有钢结构检测资质的机构 119 家，检测人员 1442 人；有建筑幕墙检测资质的机构 25 家，检测人员 254 人；有建筑智能化检测资质的机构 3 家，检测人员 23 人（图 15-3）。

由图 15-3 可以看出，质量检测机构的专项检测能力分布与检测人员的专业分布基本相符。从检测人员的技术职称来看，9592 名专业技术人员中，副高级及以上职称有 591 人，中级职称有 2692 人，中高级技术人员共占全部专业技术人员的 34.23%（图 15-4）。

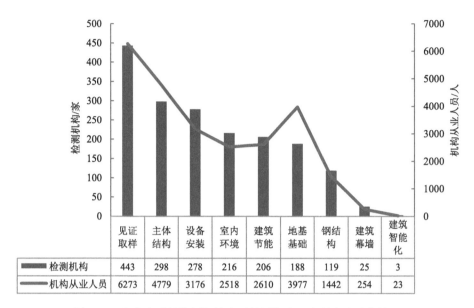

	见证取样	主体结构	设备安装	室内环境	建筑节能	地基基础	钢结构	建筑幕墙	建筑智能化
检测机构	443	298	278	216	206	188	119	25	3
机构从业人员	6273	4779	3176	2518	2610	3977	1442	254	23

图 15-3　湖北省质量检测机构专项检测能力及人员专业分布情况

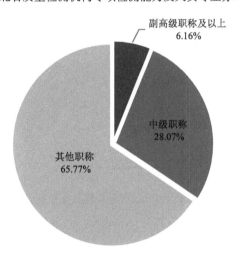

图 15-4　湖北省质量检测人员技术职称分布

从质量检测人员年龄分布看，30 岁以下人员 3412 人，30～40 岁人员 3824 人，40～50 岁人员 1537 人，51～60 岁人员 756 人，60 岁及以上人员 63 人。可以看出，40 岁及以下检测人员占比达到 75.44%（图 15-5），质量检测从业人员趋向年轻化。

从专业技术人员的学历来看，拥有研究生学历的 410 人，占比 4.27%；拥有本科学历的 3344 人，占比 34.86%；拥有大专学历的 4461 人，占比 46.51%；拥有大专以下学历的 1377 人，占比 14.36%。可以看出，大专及以下学历人员占比超过 60%，检测人员专业学历普遍不高（图 15-6）。

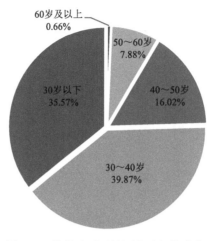

图 15-5　湖北省质量检测人员年龄分布

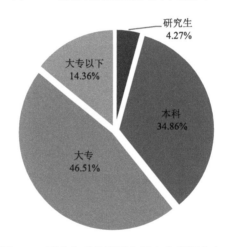

图 15-6　湖北省质量检测人员专业学历分布

15.2　行业特点

15.2.1　检测行业高端技术人才较少，人员队伍年轻化

据数据分析，质量检测人员学历为大专及以下的人员占比达到 60%，40 岁及以下检测人员占比高达 75.44%，检测从业人员趋向年轻化，中高级技术人员占比 34.23%，检测行业对高端技术人才吸引力不强，检测人员的综合素质和技术能力亟待提升。

15.2.2　检测机构规模普遍较小，区域发展不平衡

2021 年，湖北省质量检测机构总量保持稳定，新增检测机构数量较少。武汉、宜昌和襄阳三市质量检测机构占全省质量检测机构总数的一半以上，2021 年武汉市质量检

测报告上传量占到全省总数的 43.78%。有 67.98%的检测机构人员规模在 20 人以下，大型综合性检测机构较少，检测机构数量地区差异性明显。

15.3　经验和典型做法

15.3.1　持续完善建设工程检测监管手段和内容

完善检测系统，保证登记上传信息的真实有效性，所有修改信息均保留痕迹确保可追溯，实行动态监管。加强对自动采集传输设备包括桩基静载设备、主体结构检测设备和各类材料力学试验机性能的管理，满足规范对设备的要求。对全省使用样品见证取样唯一性标识进行随机检查、抽查，对检查、抽查发现的违规行为进行查处，在湖北省监管平台上随时通报。

15.3.2　加大对各地区检测机构的巡查、督查力度

2021 年，继续采用"双随机、一公开"模式，加强对建设工程各参建方责任主体监管。对全省 17 个市（州），分别于 2 月、3 月、12 月开展了督查活动，与质量安全检查相结合。湖北省住房和城乡建设厅对各地区巡察结果进行网上通报公开，对不符合整改要求或处罚不到位的机构和个人，依据相关规定严肃处理。

15.3.3　组织全省建设工程质量检测行业技术交流活动

进一步加强建筑工程质量检测信息化技术建设工作，规范质量检测机构内部管理，使用新型检测技术、检测方法提高工程检测效率及检测数据的准确性。2021 年 4 月，在武汉市召开全省桩基高吨位静载荷试验现场观摩暨地基基础检测技术交流会，观摩了配重达 4000t 左右的武汉周大福金融中心项目现场；同年 5 月，在襄阳市召开了襄十随神城市群（鄂西北片区）建设工程质量新型检测技术运用经验交流观摩会。

15.3.4　指导开展能力验证工作

2021 年 6 月，湖北省建设工程质量安全协会在全省检测会员单位及其他相关单位中组织开展钢筋保护层厚度现场检测能力验证工作，以此规范检测机构的行为，提高从业人员的技术水平。

15.3.5　持续开展检测机构信用评价工作

2021 年 5 月，按照《湖北省建设工程质量检测机构信用评价管理办法》（试行）（鄂建质安协〔2017〕11 号）文件要求，组织开展了 2021 年度 AAA 级信用机构评价活动，此次信用评价工作，对倡导整个行业讲诚信、推动行业自律起到了积极作用。

15.3.6　组织开展知识与技能大赛

2021 年 10 月，在全省建设工程质量检测机构间组织开展了建设工程质量检测实操

技能大赛。同年 11 月，面向全省所有建设工程质量检测机构、检测人员和专业培训机构开展了建设工程质量检测人员能力评价试题征集活动，共征集试题 13900 道，有 318 家单位报名参加了试题征集活动。

15.3.7 积极召开相关规范文件编制工作会议

2021 年，召开了《湖北省建设工程质量检测从业人员能力评价大纲》编写会、初审会和《湖北省房屋市政工程质量检测项目参数分类规范》结题会。

15.4 存在的问题或障碍

15.4.1 检测信息化工作不完善

检测机构视频监控范围没有覆盖室内所有检测项目及其检测全过程，数据传输、远程视频监控未接入检测信息监管平台，动态管理未及时跟进。

许多工程项目，特别是市政基础设施和装配式工程与检测机构距离较远，往往见证取样人员履职不到位，在送样过程中无法旁站，而建设单位对所委托的质量检测机构的监督意识不够，信息化建设理念不强，所以许多样品没有完全实行唯一性标识，省监管平台中的人员、设备、检测报告和不合格报告相关信息未及时上传更新。

15.4.2 质量管理制度和质量控制体系不规范

质量检测机构管理评审和内审资料不完整，特别是分支机构日常管理中分场所和分支机构的管理方式混合使用。检测原始记录管理不规范，检测记录、检测报告未按年度统一编号，检测机构实验室无法提供检测报告对应的原始记录或原始记录填写信息不全、原始记录数据失真。

15.4.3 相关政策不完善，出具虚假检测报告现象仍然存在

部分质量检测机构为追求自身利益最大化而恶意竞争，扰乱市场经营秩序，超资质从事检测活动、伪造检测数据、违规更改检测数据或不按规定的检测程序方法进行检测。没有相关上位法，奖优罚劣的氛围没有形成，缺少对遵纪守法的诚信企业的支持，影响了检测市场的诚信环境。

15.4.4 不合格检测报告未及时处理，样品不具有代表性

见证取样和实体检测中出现了不达标、超标的混凝土抗压强度不合格检测报告后，建设、施工、监理单位和质量检测机构对其后的闭合处理环节没有及时跟进，未按照有关规范标准采取有效措施，留下了质量安全隐患，有的建设、施工单位要求质量检测机构重新检测，造成样品数据不能代表实际工程质量抽测水平。

15.4.5　检测机构未满足规范要求

分支机构的人员配备以及检测场所、仪器设备不满足有关标准文件的要求，如分支机构检测人员数量不足，特别是中级及以上职称人员数量不足，且职称证书与专业部分不符，社会保险凭证部分无法提供，注册执业资格人员与母公司共用等问题。已检样品留置区域布置不明确，未按时间有效划分；检测区域布局不合理或功能分区不明确，大部分分支机构未在明显位置配备必要的消防器材，检测设备摆放混乱无序；部分质量检测机构未按规定在仪器设备上贴有相应的管理标识和状态标识，有故障设备未张贴停用标识，存在设备使用记录填写不规范，设备检定、校准结果确认不规范，大型仪器设备使用授权不规范等现象。

15.5　措施和建议

15.5.1　落实完善监管工作和奖惩制度

采用"双随机、一公开"模式，利用检测信息监管平台，相关部门应承担起监管职责，对本地区质量检测机构（包括分支机构）开展全面排查，认真分析排查出的问题产生的原因，督促各相关责任主体进行整改，同时完善奖惩制度，对未整改和整改不力的检测机构要严肃处理，切实规范检测行为，营造良好的检测行业环境。各地住房和城乡建设主管部门要强化事中、事后监管，重点打击质量检测机构无资质、超资质从事检测活动以及出具虚假检测报告等行为。对其资质提出处理意见建议一并上报省住房和城乡建设厅，并做到公开信息。尤其是对分支机构要重点监管，对检测设备与检测人员不满足标准规范要求的分支机构，要暂停其承担新的检测业务，并与母体检测机构进行关联处罚，其出具的检测报告不得作为工程质量竣工验收依据。

15.5.2　持续推进工程检测信息化

完善质量检测机构收样区域、实验场所、样品留置区域等视频监控范围的监控措施。重点对检测全过程和数据传输进行实时监控，加强动态管理，及时更新省监管平台中人员、设备、检测报告和不合格报告等数据。

15.5.3　健全对不合格质量项目的闭合处理制度

各地住房和城乡建设主管部门应根据实际情况，健全对不合格质量项目的闭合处理制度。检测不合格项目未闭合处理的，不得进行相应的分项、分部工程验收和竣工验收；经返工、返修、加固处理的检验批、分项、分部工程按国家有关标准重新组织验收。建设工程质量监督机构日常开展监督抽查工作时，应抽查有关单位对检测不合格项目闭合处理的情况，发现有不合格项目未处理或未及时处理的，责令责任单位立即处理，并按有关规定对责任单位进行处罚。

第 16 章　广东省建设工程质量检测行业发展状况

16.1　概况

广东省是全国唯一建设工程质量检测机构资质由地级以上市住房城乡和建设行政主管部门核准的省份。截至 2022 年 4 月 30 日，广东省共有 333 家质量检测机构，以下以这些质量检测机构的数据为基础，进行统计分析。

16.1.1　检测机构注册资本和数量情况

参与调研的 333 家质量检测机构中，单位性质为企业的质量检测机构占比很大，占到 89.12%；其中，有 66.07% 的质量检测机构为未经认定的高新技术企业。全省质量检测机构注册资本额分布较为均衡，注册资本在 500 万元以下的检测机构 117 家，占比 35.14%；500 万～1000 万元的检测机构 110 家，占比 33.03%，1000 万元及以上的检测机构 106 家，占比 31.83%（图 16-1）。

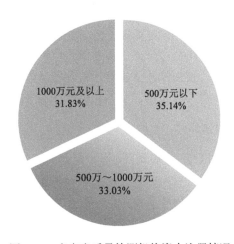

图 16-1　广东省质量检测机构资本注册情况

据统计，广东省质量检测机构有 269 家处于珠三角地区，占到总数的 80.78%。质量检测机构数量最多的前 3 个地级市分别是广州、深圳和佛山市，合计 186 个质量检测机构，占到全省质量检测机构总量（333 家）的 55.86%，占比超过一半（图 16-2）。

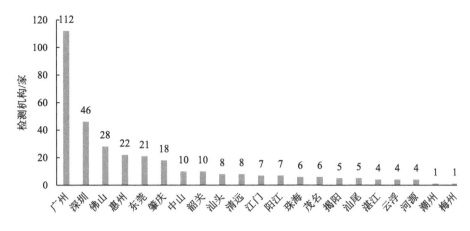

图 16-2　广东省质量检测机构区域分布

16.1.2　检测机构规模情况

广东省质量检测机构总面积在 500m² 以下的机构有 44 家，占比 13.21%；500～1000m² 的机构有 62 家，占比 18.62%；1000～5000m² 的机构有 185 家，占比 55.56%；5000m² 及以上的机构有 42 家，占比 12.61%，检测机构总面积情况如图 16-3 所示。

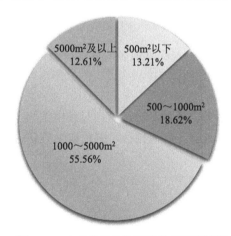

图 16-3　广东省质量检测机构总面积情况

在 333 家质量检测机构中，有 95 家机构购买 50 万元及以上的仪器设备，占比 28.52%；有 154 家机构购买进口的仪器设备，占比 46.3%。

16.1.3　检测机构资质情况

333 家检测机构中，具有建设工程质量检测机构资质证书的质量检验机构 320 家，占比 96.10%。其中，取得见证取样资质的有 257 家，占比 77.18%；取得主体结构资质的有 245 家，占比 73.57%；取得地基基础资质的有 214 家，占比 64.26%；取得室内环境资质的有 145 家，占比 43.54%；取得市政工程资质的有 130 家，占比 39.04%；取得钢结构资质的有 128 家，占比 38.44%；取得建筑门窗资质的有 127 家，占比 38.14%；取得建筑节能资质的有 120 家，占比 36.04%；取得建筑幕墙资质的有 41 家，占比 12.31%；得取司法鉴定资质的有 1 家，占比 0.30%（图 16-4）。机构间相同检测范围的参数差异大，发展不平衡，部分质量检测机构需加紧扩项、增项。

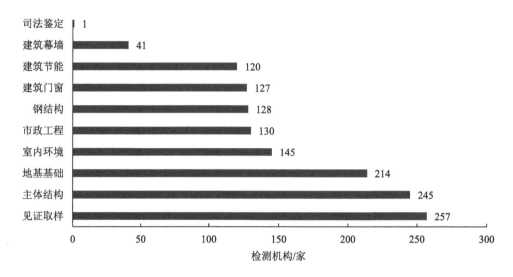

图 16-4　广东省质量检测机构资质分布情况

从各地区检测专项能力看，大部分地区的质量检测机构都在见证取样、地基基础、主体结构这 3 个专项中有相对全面的检测实力，而广州市、深圳市、东莞市、惠州市在这 3 个专项中更是有大量机构具备资质，实力较强。由于钢结构、建筑幕墙专项检测资质对专业能力要求较高，相关人才数量少，因此具备钢结构、建筑幕墙专项检测资质的机构比较稀缺，特别是粤东地区、粤西地区，更是缺少具备这 2 项检测资质的质量检测机构。

16.1.4　检测机构人员情况

根据数据统计，333 家质量检测机构从业人员合计 22072 人。从从业人员学历来看，其中，51.92% 的从业人员为大专及以下学历，本科及以上学历人员占比 48.08%（图 16-5）。对比往年，检测行业从业人员的学历水平正在逐步提升，接下来还需要提高质量检测人员的检测技术水平和综合能力。

在全省所有的检测人员中，专业技术人员有 15906 人，其中，高级职称人员 2937 人，占比 18.46%；中级职称人员 5197 人，占比 32.67%；初级职称人员 4826 人，占比 30.34%；其他注册资格人员 2946 人，占比 18.53%。中级职称及以上人员占比 51.13%（图 16-6）。研究开发人员有 3965 人，研究开发人员占技术人员总数的 24.93%，高端技术人才队伍正在逐步完善。

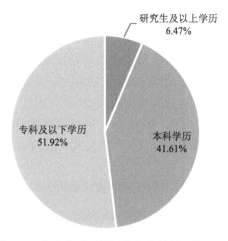

图 16-5　广东省质量检测从业人员学历情况

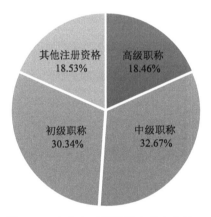

图 16-6　广东省质量检测人员职称情况

333 家检测机构中：20 人以下的小规模机构有 62 家，占比 18.62%；20～50 人的中等规模机构有 126 家，占比 37.84%；50～100 人的较大规模机构有 89 家，占比 26.73%；100 人及以上的大规模机构有 56 家，占比 16.81%（图 16-7）。

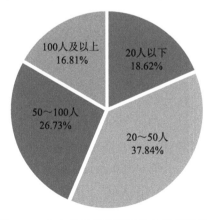

图 16-7　广东省质量检测机构人员规模分布

16.1.5 业务状况

2021 年度广东省建设工程质量检测机构营业收入总计 1004602.16 万元。其中,营业收入 1 万元以下的检测机构 42 家,占比 12.61%;1 万～500 万元的检测机构 72 家,占比 21.62%;500 万～1000 万元的检测机构 51 家,占比 15.32%;1000 万～3000 万元的检测机构 68 家,占比 20.42%;3000 万～5000 万元的检测机构 45 家,占比 13.51%;5000 万元及以上的检测机构 55 家,占比 16.52%(图 16-8、图 16-9)。

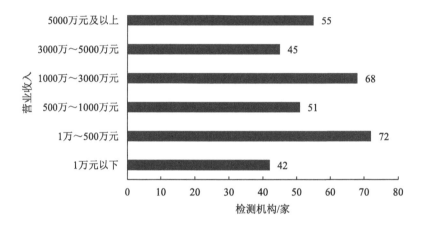

图 16-8 广东省质量检测机构营业收入情况

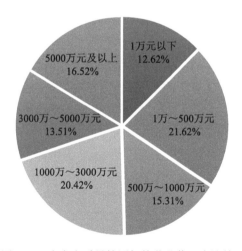

图 16-9 广东省质量检测机构营业收入占比情况

2021 年度广东省质量检测机构利润总额 146442.63 万元。其中,利润 1 万元以下的检测机构 84 家,占比 25.22%;1 万～100 万元的检测机构 103 家,占比 30.93%;100 万～300 万元的检测机构 64 家,占比 19.22%;300 万～500 万元的检测机构 18 家,占比 5.41%;500 万～1000 万元的检测机构 27 家,占比 8.11%;1000 万元及以上的检测机构 37 家，占比 11.11%（图 16-10、图 16-11）。

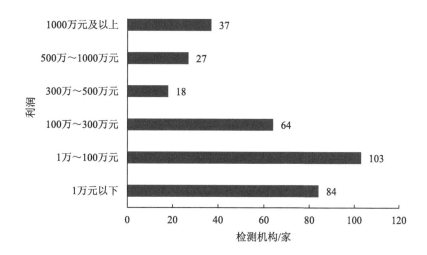

图 16-10　广东省质量检测机构利润情况

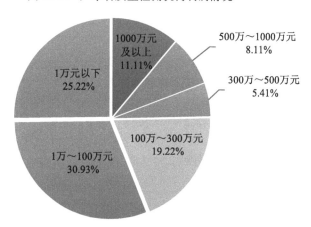

图 16-11　广东省质量检测机构利润占比情况

16.1.6　跨地域发展

本次参与调研的 333 家质量检测机构在国内、广东省省外地区设立分支机构总计
142 个。在省外设立 0 个分支机构的检测机构 311 家，占比 93.39%；设立分支机构 1～
5 个的检测机构 18 家，占比 5.41%；设立分支机构 6～10 个的检测机构 3 家，占比 0.90%；
设立分支机构 11 个及以上的检测机构 1 家，占比 0.30%（图 16-12）。其中，取得检验检
测机构资质认定的分支机构 21 个；向省外直接投资企业（项目）8 个；出资金额合计
500 万元；均未在境外设立分支机构。

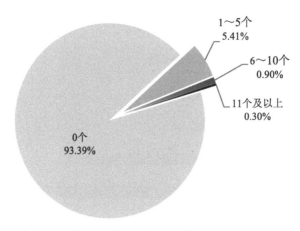

图 16-12　广东省质量检测机构在国内、省外地区设立分支机构情况

16.2　行业特点

16.2.1　行业持续稳步增长

近年来，我国出台了《国家标准化发展纲要》《关于进一步深化改革促进检验检测行业做优做强的指导意见》《建设高标准市场体系行动方案》等一系列政策文件鼓励和支持检测行业发展。围绕"质量强国"的主线，广东省也加快推出进一步促进检测行业发展的措施，为质量检测行业的快速发展提供了坚实的保障。

16.2.2　行业信息化水平发展迅速

党的十八大以来，以习近平同志为核心的党中央高度重视互联网和信息化发展。习近平总书记提出，要善于运用互联网技术和信息化手段开展工作。在当前环境下，信息技术快速发展，质量检测行业对信息技术的运用格局不断重塑，从技术人员的培训到对收样、检测试验情况进行实时视频监控、抽查，都离不开信息技术的运用。2021 年 8 月，广东省住房和城乡建设厅启用新版广东省建设工程检测监管服务平台，实现了质量检测行业相关信息的互联互通和资源共享，促进了信息资源的开发和利用。

16.3　经验和典型做法

16.3.1　根据地区实际情况形成具有地域性的管理特点

因地制宜，解读政策。广州市结合市内实际情况，制定了《广州市建设工程质量检测管理办法》，依据该办法加强了对工程质量检测机构检测行为的管理，规范了工程质量检测行业，确定了广州市建设工程质量检测管理的具体要求，取得了良好的效果。

16.3.2　在全省各地区建立信息化网络监管系统，实行信息化管理

2008 年后，东莞市对质量检测机构进行重新备案管理，限制质量检测机构的数量。市域内的检测业务主要由市住房和城乡建设局下属的市检测中心承接，未开展的检测业务则由省级或外地质量检测机构承接，同时实行信息化实时监管，要求质量检测机构实时上传有关检测结果，并对检测报告进行身份标识。目前，东莞市对质量检测机构的管理比较规范到位，在工程质量监管上取得了良好效果。

16.3.3　推行诚信管理体系建设

广东省部分地区住房和城乡建设主管部门每年对质量检测机构进行 1 次专项或全面检查，其他地区多采用不定期抽查监管。广州市、深圳市作为发达地区，对外地质量检测机构实行备案管理制度，推行诚信管理体系，对质量检测机构的不良行为进行管控；每年定期对质量检测机构进行拉网式检查，对检测数据和检测报告实行信息化实时监管。

16.4　存在的问题或障碍

16.4.1　检测管理制度不完善，监管不到位

质量检测行业现有的法律法规等在适应建设工程质量检测工作的开展和管理需要方面尚存在不足，给监督执法带来很大困难，影响了行业的健康发展，且大部分地区没有制定相应的管理文件，监管存在漏洞，如对质量检测机构跨区域承揽检测业务如何进行监管等。此外，在日常监管过程中，仅检查检测报告是不够的，还需核查检测机构内部的原始检测数据、人员资格、设备状况、环境条件、管理体系等其他指标，这些方面的工作还有待完善。

16.4.2　检测机构不规范操作，诚信监管体系缺失

部分质量检测机构存在出具虚假报告行为以及低价恶性竞争行为，通过低价位、拉关系、满足委托方不合理要求等不正当手段承接业务，对检测市场秩序和检测行业的信誉产生了较为严重的负面效应，给工程质量造成了严重隐患。同时，质量检测机构存在人员挂靠、设备租赁或共用情况，这在民营企业中尤为突出。此外，台资与港资的质量检测机构，利用其自身设备优势，跟大陆（内地）质量检测机构联合承接业务，由大陆（内地）质量检测单位使用台资或港资机构的设备进行检测并出具检测报告。针对检测机构如上种种不良或不规范行为，广东省目前尚未建立统一完善的诚信监管体系对其进行制约。

16.4.3　对外省质量检测机构管理困难

随着国务院推行"轻准入、重监管"的管理思路及市场经济的开放性改革，广东省内出现越来越多的外省检测机构，但对于此类机构的管理规定尚不完善。有些地区（如

广州、深圳等）对其实行备案制度，备案要求不尽一致，基本上是引用计量认证相关规定和依托信息化监管系统，要求广东省外的检测机构在当地设立分支机构（要求具有独立工作场所、设备、人员等）并纳入检测监管系统进行备案管理，其检测报告须纳入检测监管系统才能作为质量验收依据。有些地区则受困于法律法规及自身管理能力，在对外省质量检测机构的管理上存在真空地带。

16.5 措施和建议

16.5.1 完善监督制度，政策引导实现有效监管

一是各级住房和城乡建设主管部门要创新检查方式，对检测机构实行滚动式、常态化及"双随机"飞行检查等方式的检查，实现有效监督。二是要进一步完善工程质量检测制度，细化法律法规，加强对检测过程和检测行为的监管，依法严厉打击出具虚假检测报告的行为，一经查实，要坚决予以严厉惩处。三是出台相关政策，加强市场宏观调控，出台行业收费指导标准，引导市场良性发展，规避恶意竞争。四是对质量检测机构进行规范化管理，加强对检测资质核准工作的督查，各市检测资质核准情况要及时上传；要建立监察制度，形成长效机制，将指导督查工作常态化。

16.5.2 增强诚信体系建设，营造良好的市场环境

建议对质量检测机构加强监管，实行差异化管理。对信誉优良的监管对象实施简化监督，对其的管理可采用较低频率或较低抽检率的日常检查或自律性监管，鼓励其做大做强创优；对中等信誉企业实行信用预警机制，帮扶、督促与监管并重，实施常规监督和适度频率或适度抽检率的检查；对信誉差的企业和人员实施重点监管，增加检查频率，加大监管力度。重点检查近年被主管部门通报批评、被社会投诉及以明显低于市场价格甚至成本价格承揽检测业务的检测机构。

16.5.3 利用信息化、科技化的手段进行行业监管

随着国家新型基础设施建设战略的布局，以 5G、人工智能、工业互联网、物联网为代表的"科技新基建"将成为经济增长的重要引擎之一。应探索将新一代信息技术融入工程建设管理，打破壁垒，破解管理难题，推进智慧监管，赋能数字政府转型。如充分发挥互联网＋监管作用，建立质量检测机构和检测人员诚信信息化档案，全省联网，信息公开，质量检测机构和检测人员的诚信行为与市场准入挂钩，推进"黑名单"和"警示名单"制度。

第17章 广西壮族自治区建设工程质量检测行业发展状况

17.1 概况

17.1.1 全区检测行业基本情况

1）检测机构数量逐年增加

截至 2021 年底，全区建设工程质量检测机构共有 402 家。其中，在自治区设立机构总部的有 210 家，外省在本地设立实验室的有 192 家，机构数量连续 3 年呈现递增态势（图 17-1）。异地实验室占比高达 47.76%，检测机构总部及异地实验室基本覆盖全区 14 个地市及 70 个县（市）域。

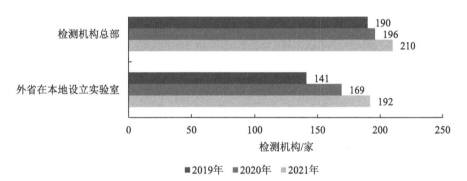

图 17-1　2019～2021 年广西壮族自治区质量检测机构数量变化情况

2）总产值较 2020 年略有下降

2021 年，全区质量检测机构共创造总产值 278218.93 万元，与 2020 年相比减少 1754.17 万元；总产值在 500 万元以下的机构数量仍然占大多数，产值在 5000 万元及以上的机构数量与 2020 年持平（图 17-2、图 17-3）。

3）检测从业人员数量持续增加，整体水平有所提升

截至 2021 年底，全区质量检测从业人员 14322 人，与 2020 年相比增加 2143 人，其中，持有广西壮族自治区建设工程质量检测人员培训合格电子证明人员总计 10169 人。全区质量检测机构人员规模：50 人以下的机构有 331 家，占比 82.34%，比 2020 年增加 25 家；50～100 人的机构有 44 家，占比 10.94%，比 2020 年增加 7 家；100 人及以上的机构有 27 家，占比 6.72%，比 2020 年增加 5 家（图 17-4）。

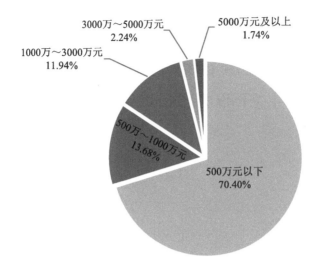

图 17-2　2021 年广西壮族自治区质量检测机构总产值占比情况

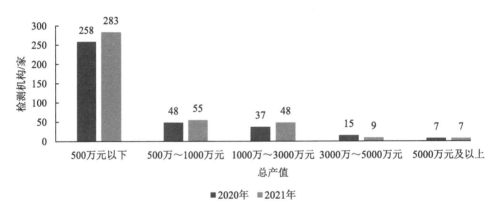

图 17-3　2020～2021 年广西壮族自治区质量检测机构总产值范围分布情况

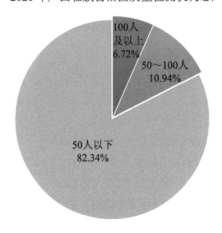

图 17-4　2021 年广西壮族自治区质量检测机构人员规模情况

2021 年，全区质量检测机构从业人员中：大、中专科及以下学历人员 7997 人，占比

55.84%，较 2020 年减少 4.26 个百分点；本科学历人员 5710 人，占比 39.87%，较 2020 年增加 3.77 个百分点；研究生及以上学历人员 615 人，占比 4.29%，较 2020 年增加 0.79 个百分点。检测从业人员整体学历仍然偏低，但本科及以上学历人员占比有上升趋势（图 17-5）。

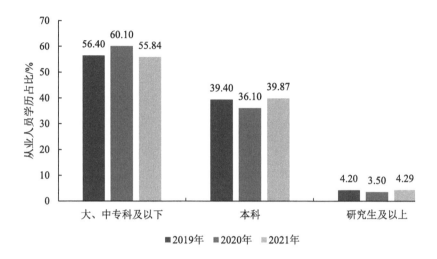

图 17-5　2019～2021 年广西壮族自治区质量检测机构从业人员学历占比情况

2021 年，全区检测机构拥有初级职称人员 2195 人，占比 15.33%，较 2020 年增加 31.52%；拥有中级职称人员 3755 人，占比 26.22%，较 2020 年增加 30.34%；拥有高级及以上职称人员 1075 人，占比 7.50%，较 2020 年增加 35.39%；无职称人员 7297 人，占比 50.95%，较 2020 年增加 6.76%（图 17-6）。

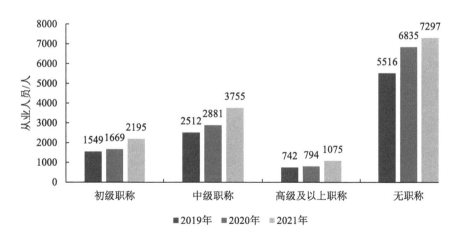

图 17-6　2019～2021 年广西壮族自治区质量检测机构从业人员职称类型情况

17.1.2　检测机构资质类别和产权形式变化情况

2021 年，全区除房屋建筑工地和市政工程工地（以下称两工地）检验机构数量与 2020 年持平外，其余所有资质类别的检测机构数量与 2020 年相比均有所增加；单一资质检测机构数量变化不大，单一见证取样检测资质机构数量与综合类检测机构数量相较2020 年均有所增加，这是检测机构不断做大做强、检测行业更加市场化的体现（图 17-7、图 17-8）。

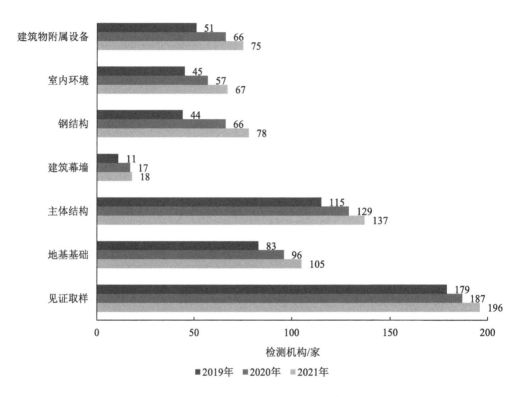

图 17-7　2019～2021 年广西壮族自治区质量检测机构资质数量情况

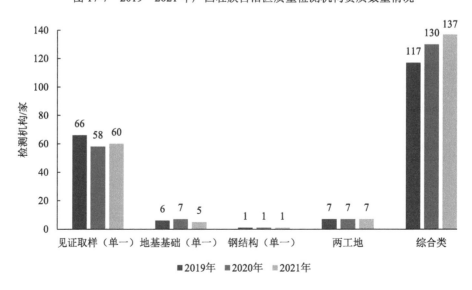

图 17-8　2019～2021 年广西壮族自治区质量检测机构资质类别情况

随着检测行业更加市场化，政府机构逐步让出市场份额，民营检测机构快速发展，数量不断增多（图 17-9）。

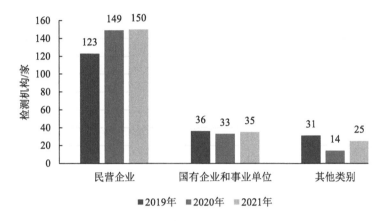

图 17-9　2019～2021 年广西壮族自治区质量检测机构产权形式变化情况

17.2　存在的问题

近几年，通过建立建设工程质量检测监管信息系统和出台《广西壮族自治区建设工程质量检测机构诚信综合评价办法（试行）》，加强了对质量检测机构的监管，使得全区的工程质量检测监管水平和检测工作质量得到了一定的提升，但仍暴露出较多问题，主要表现如下。

17.2.1　异地实验室管理不到位

一是近年来外省在本区设立实验室数量激增，地方住房和城乡建设主管部门监管力量不足，导致对异地实验室监管缺位；二是异地实验室普遍存在常驻技术人员数量不足、素质偏低、管理不善的问题；三是质量检测机构总部未切实履行主体责任，对其异地实验室管控不到位。

17.2.2　诚信管理实效性不足

现行的《广西壮族自治区建设工程质量检测机构诚信综合评价办法（试行）》操作过程繁杂，不便于日常动态扣分操作；综合考核与动态监管未对所有质量检测机构进行全覆盖，未体现诚信评价的公平性。

17.2.3　检测监管信息系统有待完善

一是部分质量检测机构未及时将资质证书、人员、设备等信息录入检测监管信息系统，却仍能出具检测报告；二是未能及时甄别无效的检测报告，如检测依据已废止或未下结论的报告；三是不符合规定的试件样品也能上传信息；四是视频监控形同虚设，未能与检测监管信息系统实现有效联动；五是未能实现向监管部门推送异常信息的功能。

17.2.4 对违法违规行为的处罚力度不足

一是自《广西壮族自治区建设工程质量检测管理规定》施行以来，各级住房和城乡建设主管部门对检测机构出具虚假报告、超出资质范围开展检测业务等违法违规行为处罚力度偏弱，未形成震慑力；二是对检测人员的处罚缺乏行之有效的抓手，特别是取消检测人员上岗证后；三是行政处罚的执行程序比较繁杂，导致处罚措施难落地。

17.2.5 检测技术人员职业道德、技术水平有待提高

一是部分质量检测机构，特别是新设立的质量检测机构的技术人员，普遍存在检测操作错误、对规范不熟悉等情况；二是存在出具虚假检测数据的情况。

17.3 监管措施

17.3.1 狠抓检测监管制度建设，提高检测监管标准化水平

1）提高对违法违规行为的处罚力度

近年来，广西壮族自治区出台了一系列管理文件，如《广西壮族自治区建设工程质量检测机构诚信综合评价办法（试行）》（桂建发〔2019〕2 号）、《建设工程质量检测行为检查手册》（桂建质安管〔2021〕4 号）、《自治区住房城乡建设厅关于加强建设工程质量检测机构异地试验室管理工作的通知》（桂建发〔2018〕6 号）、《关于推进广西建设工程质量检测机构远程视频监控工作的指导意见》（桂建质安监〔2018〕78 号）等，在规范质量检测机构日常检测行为的同时，也便于主管部门的检查人员能够有条不紊地开展检查工作，加强检测监督管理，提高对检测机构违法违规行为的处理能力。

2）规范检测文件

近年来，广西印发了《广西建设工程质量检测试验统一表格（2020 年版）》（桂建质安管〔2020〕30 号）、《广西房屋建筑和市政基础设施工程起重机械检验检测统一表格（2021 年版）》（桂建质安管〔2021〕1 号）等文件，对相关检测表格进行了统一和优化，进一步提高试验工作质量和效率，规范企业生产行为。

3）建立工程质量检测专家队伍

在印发《关于公开征集广西建设工程质量检测专家的通知》（桂建质安管〔2021〕47 号）的基础上，大力建设质量检测专家队伍，面向社会公开征集检测专家并对其进行有关培训工作，健全建设工程质量检测监管机制，充分发挥专业人才对工程质量检测的技术支撑作用，打造一支有水平、有能力、有技术的优质专家队伍。

4）修订检测人员能力水平提升培训教材

每年组织开展广西壮族自治区建设工程质量检测人员能力水平提升培训教材及大纲修订工作，对检测专业方向和培训内容进行更新修订，以更好地指导和服务建设工程质量检测人员的能力水平提升培训工作。

17.3.2　强化检测监管信息化建设，提高检测监管效能

广西壮族自治区住房和城乡建设厅于 2016 年 12 月开通了广西壮族自治区建设工程检测监管信息系统，系统的开发旨在通过互联网实现工程检测数据的采集和监管，构建全区统一的工程质量检测监管平台，加强建设工程质量检测信息管理，实时反映工程质量动态，实现检测工作的自动化和信息化。该系统要求质量检测机构将企业信息、人员信息及设备信息录入系统，并将有关规定要求的检测数据和检测报告上传至系统。该系统与"广西建设工程质量检测信息管理系统"紧密对接，可满足质量检测机构的检测数据和检测报告上传至系统的要求。

检测监管信息系统自 2017 年启用至今，已实现的功能有：见证取样送检采用二维码唯一性标识，实现见证取样人员人脸识别技术全覆盖，并在上传的照片上增加定位坐标和时间信息；调取检测机构实验室等远程视频监控；建筑材料力学试验检测数据及建筑门窗、建筑节能检测数据自动采集上传；桩基静载试验数据自动采集上传，项目定位信息、现场影像资料上传；检测信息管理系统中的检测报告自动上传至检测监管信息系统等。

17.3.3　开展监督检查，规范检测市场秩序

1）开展建设工程质量检测机构网上检查工作

基于广西壮族自治区建设工程检测监管信息系统，组织专家通过检测监管信息系统对房建市政材料、地基基础、主体结构、建筑节能、室内空气、起重机械设备、市政道路及市政桥梁等项目的上传照片、检测数据和报告文件进行检查，覆盖全区所有质量检测机构（含异地实验室）。通过网上检查，发现部分检测机构存在不符合规范要求的检测行为并及时纠正，实现质量检测机构（特别是异地实验室）人员条件动态核查，全面了解检测样品唯一性标识使用情况及检测机构远程视频监控系统运行情况，进一步规范检测机构的日常检测活动。

2）开展年度建设工程质量检测市场暨检测机构检测行为专项检查

为加强建设工程质量检测监管，规范检测机构检测行为，促进检测市场健康发展，进一步落实"双随机、一公开"抽查制度，按照年度工作安排，广西壮族自治区住房和城乡建设厅每年均组织开展了建设工程质量检测市场暨检测机构检测行为专项检查与建筑起重机械检验检测机构行为专项检查，对全区 14 个检测机构开展检查。通过专项检查，严厉打击了部分检测机构超出资质范围从事检测活动、出具虚假检测报告或者鉴定结论、未按标准规范进行检测等违法违规行为，督促检测机构切实增强本机构检测人员的责任意识，严格实行检测工作质量检查制度，不断提高管理水平。

17.3.4　组织检测能力验证，提升检测机构能力水平

根据《管理办法》（建设部令第 141 号）和《广西壮族自治区建设工程质量检测管理规定》（桂建管〔2013〕11 号），广西建设工程质量安全管理站每年均组织开展全区建设工程质量检测机构能力验证工作，涉及建设用砂氯离子检验、回弹法检测混凝土抗压

强度、混凝土中钢筋保护层厚度、混凝土结构钢筋保护层厚度、桩基完整性检测（低应变法、声波透射法）等检测项目的能力验证工作（图 17-10）。通过能力验证，质量检测机构能够识别与同行机构之间的差距，完善其内部质量控制技术，不断提升自身技术能力水平。

图 17-10 建设工程质量检测机构能力验证活动现场

17.3.5 形成检测行业自律，为监管保驾护航

广西壮族自治区设有广西壮族自治区建设工程质量检测试验协会，各地市设有各地市检测试验协会。协会紧紧围绕自治区住房和城乡建设主管部门的各项决策部署和中心工作，充分发挥政府与企业间的桥梁纽带作用，坚持为政府、行业和质量检测机构服务的宗旨，积极探索行业发展道路，完善自身建设，提升服务能力，规范行业自律，不断推动检测行业技术水平和服务水平的提升。各级协会在检测能力验证、检测信息系统升级、统一检测报告格式等工作中发挥了重要的组织协调作用。

17.4 措施和建议

17.4.1 进一步完善质量检测监管系统的功能

逐步推进将主体结构、钢结构、室内环境、建筑物附属设备、建筑节能、市政道路、市政桥梁、防雷装置等现场检测行为纳入质量检测监管系统进行管理，增加现场检测人员人脸识别和现场检测方案、照片及定位信息的上传要求。同时，推进质量检测机构完成检测设备的改造和与检测监管信息系统的数据对接工作，实现现场检测数据自动采集和实时上传。

加强检测监管信息系统与质量安全监督系统联动。目前检测监管信息系统已实现从质量安全监督系统调取项目信息的功能，下一步将深化两系统间的联动，逐步推进实现检测计划、检测不合格项等信息自动推送至监督人员等功能。

17.4.2　开展岗位能力培训，提高检测人员能力

广西壮族自治区建设工程质量安全管理站、广西壮族自治区住房和城乡建设厅培训中心和广西壮族自治区建设工程质量检测试验协会各司其职，做好质量检测机构的能力水平提升培训工作，满足企业和建筑市场发展的需求。全区每年均开展 3～5 期检测人员能力水平提升理论培训、实操培训，并由自治区住房和城乡建设厅培训中心核发培训合格电子证明（图 17-11）。

图 17-11　质量检测人员能力水平提升测试现场

17.4.3　扶持创新企业，提高行业创新积极性

目前，广西壮族自治区的质量检测机构对参与、承担检测行业的科研项目、地方标准的研究制定和专利申请的积极性不高。计划进一步扶持在创新技术领域有卓越发展的优秀企业，通过加大创新技术在诚信评分中的比例分值等方法，提高企业对技术创新的积极性。

17.4.4　开展技术讲座及标准宣贯，提高质量检测机构技术能力

为提高质量检测机构技术能力，依托自治区建设工程质量检测试验协会、各地市质量检测试验协会的组织、协调优势，全区每年度举办多场专业技术讲座，讲座主题丰富，成效明显，讲座主题包括质量体系管理、建筑材料检测、建筑桩基检测、主体结构检测、钢结构检测、市政桥梁检测、防雷防静电检测等。此外，各协会还积极聘请区内外知名专家举办了多个新标准宣贯学习班，让检测机构充分了解新标准的变化，及时了解新的试验要求。

第 18 章　四川省建设工程质量检测行业发展状况

18.1　概况

随着四川省建筑市场规模的增加，建设工程质量检测行业快速发展，质量检测机构数量不断增多，全省检测技术、综合能力稳步提升。在各级主管部门和企业的共同努力下，2021 年四川省完成建筑业总产值 1.73 万亿元，同比增长 11.10%，稳居全国第五、西部第一。其中，建设工程质量检测行业全年总产值达到 49.57 亿元，较上一年增长 16.50%，质量检测市场为新、改、扩建的房屋建筑和成都天府国际机场、成都轨道交通等重大工程项目的质量评定提供了科学精准的检测数据，促进检测质量工作整体水平提升，有效保障了工程质量安全，为建筑业高质量发展作出了积极贡献。

据统计，截至 2021 年底，四川省共有建设工程质量检测机构 485 家，同比 2020 年增加 6.10%，从业人员 13438 人，同比 2020 年增加 9.60%。2021 年新增 6 家机构荣获中国建筑业协会颁发的"2021 年度建筑业 AAA 级信用企业（检测机构）"称号。全省目前共有 14 家机构获得中国建筑业协会颁发的"建筑业 AAA 级信用企业（检测机构）"称号。

目前，四川省建设工程质量检测机构呈现业务范围多元化趋势，由单一的见证取样检测逐步发展到地基基础、主体结构、钢结构、建筑幕墙、民用建筑室内环境、建筑节能与智能、安装工程、装修工程检测等综合领域，并延伸至市政道路、市政桥梁、防雷工程、人防工程、消防设施检测及燃烧性能检测等领域。除部分县域质量检测机构仍是单一资质外，410 家机构是拥有多项资质的综合机构，占比 84.5%，质量检测机构普遍向规模化、多元化、标准化和信息化的方向发展。

随着检测行业更加市场化，民营机构不断壮大，目前四川省国有检测机构 122 家，占比 25.2%，民营机构 363 家，占比 74.8%，在政府职能改革的深入推进下，建设工程检测市场化更趋完善（表 18-1）。

表 18-1　四川省质量检测机构基本情况汇总　　　　　　　　　　（单位：家）

机构						合计
按资质类别统计				按单位性质统计		
见证取样专项	地基基础专项	室内环境专项	综合类	国有	民营	
48	9	18	410	122	363	485

18.2　行业管理的重点措施成果

18.2.1　加强制度建设

四川省住房和城乡建设厅先后印发《四川省建设工程质量检测见证取样手册》《四

川省建设工程质量现场检测手册》,确保见证取样工作能严格按照见证取样送样制度的有关规定进行,提高检测行业从业人员技术水平;同时,这些指导手册也为建设、施工、监理、检测等单位和行业管理部门提供了方便,受到了各行业的好评。

18.2.2　加强监督指导

通过开展检测行业乱点乱象专项整治,联合市场监管部门,2019~2021 年连续 3 年,采取"双随机、一公开""四不两直"方式,对全省质量检测机构进行督导,共抽查 190 家质量检测机构,出具 87 份执法建议书,对违法违规的机构进行严厉查处,促进质量检测机构主动自查自改,不断加强内部管理,提高技术能力,提升自身管理水平。

18.2.3　加强诚信管理

2021 年,在全面梳理质量检测机构和人员信用管理取得成效及存在问题的基础上,完成了对《四川省建设工程质量检测机构检测人员信用管理暂行办法》(川建行规〔2019〕3 号)的修订,出台了《四川省建设工程质量检测机构和检测人员信用管理办法》(川建行规〔2021〕13 号)。新出台的上述《信用管理办法》增加了信用等级划分标准,将质量检测机构和人员信用划分为 A、B、C、D 级,加大了对出具虚假检测报告等重大失信行为的惩戒力度;建立起"四川省建设工程质量检测机构及检测人员诚信管理平台",强化守信激励失信惩戒导向,规范检测市场秩序,促进了行业健康发展。

18.2.4　推进信息化管理

开发"四川省建设工程质量检测监管平台",全面汇集检测人员、设施设备、检测资质、见证取样送检、检测报告、诚信记录等信息,实现从见证取样、送样到收样、试验、报告的全过程信息化管理,运用大数据技术进行统计分析并实施动态监测预警。依托信息化手段,严厉打击弄虚作假取样送检行为、超资质范围承接业务以及出具虚假检测报告等违法违规行为,并做好信息共享和业务协同,提升监管工作效能。

18.3　发展状况及特点分析

18.3.1　从资质、设备看

四川省质量检测机构中,有见证取样检测类资质的机构 337 家、地基基础工程检测类资质的机构 202 家、主体结构工程检测类资质的机构 300 家、建筑幕墙工程检测类资质的机构 43 家、钢结构工程检测类资质的机构 151 家、建筑节能与智能检测类资质的机构 164 家、民用建筑工程室内环境检测类资质的机构 214 家(图 18-1),大部分质量检测机构取得 2 种及以上资质类别。见证取样和地基基础、主体结构检测业务仍是主要类型,钢结构和建筑节能、室内环境检测业务也快速发展,差距缩小。

四川省质量检测机构共有各类仪器设备 11.9 万台,资产原值 14.9 亿元。其中,原值 50 万元以上仪器设备 877 台,占比 0.7%;进口仪器设备 1156 台,占比 1.0%。高精仪器设备数量偏少，占比偏低。

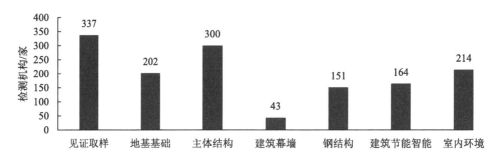

图 18-1 四川省质量检测机构资质认定情况

18.3.2 从地区分布看

在四川省质量检测机构的地区分布中：成都市有机构 171 家，占比 35.26%；绵阳市有机构 28 家、凉山彝族自治州有机构 26 家、泸州市有机构 25 家、眉山市有机构 21 家，合计占比 20.62%；其余各市（州）均在 20 家以下，占比 44.12%。各地区质量检测机构数量与地区的经济发展、工程项目数量成正比，个别偏远地区建设工程质量检测机构起步晚，资本实力弱且缺乏技术人才，不能满足本地工程建设实际需求。

18.3.3 从人员规模看

2021 年，485 家质量检测机构中，50 人以下机构 399 家，占比 82.27%；50～100 人机构 56 家，占比 11.55%；100 人及以上机构 30 家，占比 6.18%（图 18-2），微小型机构占比较大，竞争力不足。2021 年，从业人员 13438 人中，研究生及以上、大学本科学历人员分别增加 17.32%、15.86%（表 18-2），增长明显，表明质量检测行业对高学历人才吸引力增强，人员自身业务素质和自我要求不断提高。从人员职称看，取得注册执业

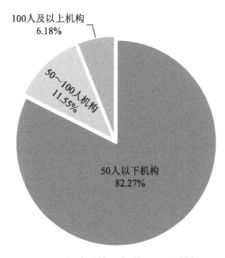

图 18-2 四川省质量检测机构人员规模情况

资格 610 人，占比 4.5%，占比偏低。其中，高级职称 1487 人，占比 11.1%；中级职称 2985 人，占比 22.2%；其他 8966 人，占比 66.7%。高级职称人员增长 16.1%，增长较快，表明检测行业对人员技术要求越来越高，向高职称、高学历、精专业的多元化人才方向发展。但因为高级职称人员原来的基数偏低，整体技术水平仍然较低。

表 18-2　四川省质量检测人员基本情况汇总

年份	按学历等级统计/人			按职称类别统计/人			合计/人
	研究生及以上	大学本科	大专及以下	高级职称	中级职称	初级职称及以下	
2020	560	4553	7146	1281	2792	8186	12259
2021	657	5275	7506	1487	2985	8966	13438
同比增加	17.32%	15.86%	5.04%	16.08%	6.91%	9.53%	9.61%

18.3.4　从市场行为看

据统计，2021 年，四川省近一半的质量检测机构仅在本市或本区县内提供检测技术服务；近 1/3 的质量检测机构仅服务于注册地及以外的本省市（州），服务方式包括开设分场所、设立办事处或者进行现场检测。然而，由于承接省外工程检测项目的成本远高于省内项目的成本，致使四川省本地机构虽有能力承接省外、境外的检测任务但意愿不是很强，只有一些规模较大的机构独立面向全国、境外承接了一些检测任务。随着外省质量检测机构在四川省设立分公司或者通过收购进入四川省市场，四川省建设工程检测市场竞争更加激烈。来自国内外的冲击，倒逼四川省检测行业逐渐向国际化、市场化转型，发展过程中，既有不断扩大的市场机遇，又面临着市场开放所带来的风险和压力，机遇与挑战并存。

18.4　存在的问题或障碍

随着检测市场的逐渐开放，质量检测机构的体制、运作方式发生了很大变化，面临着新形势和新政策，建设工程质量检测市场还存在一些亟待解决的问题。

18.4.1　法规制度不健全，监管效能不高

一是涉及质量检测行业的法律、法规、规章等尚未形成系统性管理体系，造成违法违规行为处罚力度不强，企业和人员违法成本低，虚假报告屡禁不止；二是随着政府"放管服"的深入实施，质量检测机构准入门槛较低，质量检测机构和从业人员素质参差不齐，对事中事后监管造成极大压力；三是监管力量和能力相对薄弱，信息化手段运用还不充分，监管效能偏低。

18.4.2　检测市场恶意低价竞争问题突出

一是建设工程质量主体责任落实不严，专项用于建设工程质量检测的经费不能满足实际需要，纵容恶意低价竞标者中标。在检测过程中，工程责任主体对质量检测源头管控缺位，对质量检测不重视，因赶工期需要，不检测、少检测甚至串通质量检测机构造

假的情况仍然存在;二是检测行业普遍使用的四川省2004年版的收费标准已执行18年,已跟不上经济社会发展的需要,加之全省质量检测机构数量偏多,市场竞争激烈,存在相互压价、恶意竞争的现象,甚至存在一些恶意低价竞争,承接业务后只能伪造数据、出具虚假检测报告的状况。

18.4.3 见证取样弄虚作假

监理单位见证取样执行较差,导致存在送检样品和工程实际使用材料不一致,送检样品缺乏真实性和代表性的突出问题,甚至存在索取"合格"报告,现场混凝土、砂浆试块由预拌混凝土生产企业代做代养的突出问题。

18.4.4 资质管理不合理,专项检测资质存在盲区

《管理办法》(建设部令第141号)未对质量检测机构取得专项资质所需要的最低检测参数、设备、人员进行明确要求,存在仅取得个别检测参数就取得专项资质的情况,无法满足实际检测需要。同时,对消防、防雷、人防检测资质尚未有效实施管理,导致检测工作存在较多问题。

18.5 措施和建议

18.5.1 完善法规制度

结合实际,深入调研,认真梳理总结近年来工程质量检测管理的有效经验和管理措施,及时制定出台建设工程质量检测管理办法,完善制度措施。建议:①将质量检测机构分级(如甲、乙、丙级),同时注册人员根据机构级别配备;②制定申请建筑工程检测专项资质所需要具备的最低检测参数、检测人员、检测设备、检测环境等基本条件的技术细则,依据上述细则对质量检测机构进行能力符合性评价;③增加消防、防雷、人防专项检测资质。

18.5.2 加强诚信管理,强化主体责任

建立完善质量检测信用评价与市场联动机制,强化质量检测机构和工程参建单位的质量责任,实施差异化监管,对信用差的单位,纳入重点监管名单或"黑名单",提高检查频次,严厉打击工程质量检测违法违规行为,维护工程质量检测市场的公平竞争环境,切实保障房屋市政工程质量安全。

18.5.3 加强检测人员能力

建议对建设工程质量检测人员进行技能评价类的培训及考核。

18.5.4 规范检测服务收费

建议中国建筑业协会同相关部门给予检测行业收费指导性意见。

第 19 章　陕西省建设工程质量检测行业发展状况

19.1　概况

19.1.1　建设工程质量检测相关政策、法规建设情况

2006 年陕西省建设厅按照《管理办法》（建设部令第 141 号）的精神下发了《关于贯彻落实建设部〈建设工程质量检测管理办法〉的实施意见》（陕建发〔2006〕107 号），结合本省实际，将建设部令第 141 号中的 2 大类 5 项检测业务内容扩充为 2 大类 14 项，并对设立质量检测机构所需的主要检测设备、检测人员、申请程序等内容进行了细化和明确，为质量检测机构转变为具备独立法人资格的中介机构进而全面走向市场化提供了法律依据和政策保障。随后，面对质量检测机构数量不断增加、市场竞争日益激烈和建设工程量下降等诸多因素，为了逐步规范质量检测机构的检测活动和检测人员的考核管理，提高监管效能，强化监督管理，陕西省建设工程质量安全监督总站自 2009 年至 2016年相继下发了《关于进一步加强全省建设工程质量检测管理的通知》（陕建监总发〔2009〕034 号）和《关于印发〈陕西省建设工程质量检验报告用表及现场检测报告编制统一规定〉（试行）的通知》（陕建监总发〔2012〕047 号）等 8 份规范性文件，逐步形成了建设工程质量检测行业部门规章、规范性法律文件和行业规定三级政策体系。

19.1.2　陕西省工程质量检测机构数量、业务内容及分布情况

截至 2021 年，陕西省拥有各行业检测机构 1524 家，其中建筑建材类检测机构 376家，占比 24.67%（图 19-1）。

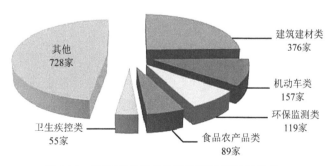

图 19-1　陕西省各行业检验检测机构数量分布

目前，陕西省取得省住房和城乡建设厅颁发资质的质量检测机构已有 259 家，检测业务内容覆盖了资质标准中设立的全部检测项目，其中，房屋建筑土建工程建筑材料检测类、构配件进场见证取样检测类和主体结构工程现场检测类在省内各市（区）均有分

布（表19-1）。从数据看，陕西省建设工程质量检测机构呈现出数量多、分布广、规模小、能力不均衡的特点（图19-2、图19-3）。

表 19-1 陕西省各市（区）质量检测机构项目数量分布 （单位：家）

市（区）	机构													
	地基基础	主体结构	建筑幕墙	钢结构	建筑智能	安装功能性	建筑节能	环境污染	市政道路	桥梁轨道	土建原材	安装原材	市政原材	既有建筑物
西安市	40	33	3	11	1	1	14	14	6	5	46	1	9	3
宝鸡市	1	9	—	—	—	—	1	1	3	—	16	4	3	—
咸阳市	3	6	—	—	—	—	1	1	4	—	13	—	4	—
铜川市	—	2	—	—	—	—	1	—	—	—	3	—	—	—
渭南市	1	—	—	—	—	—	1	—	—	—	2	—	—	—
延安市	2	3	—	—	—	—	2	—	—	—	16	—	1	—
榆林市	4	2	—	—	—	—	6	—	—	—	9	—	—	—
汉中市	1	7	—	1	—	—	2	2	—	—	12	1	1	—
安康市	—	1	—	—	—	—	3	—	—	—	12	—	—	—
商洛市	—	2	—	—	—	—	2	—	—	—	8	—	—	—
杨凌示范区	—	1	—	—	—	—	—	—	—	—	3	—	—	—
合计	52	66	4	12	1	1	33	18	13	5	140	6	19	3

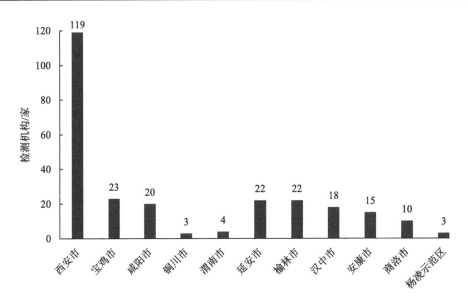

图 19-2 陕西省各市（区）检测机构数量分布

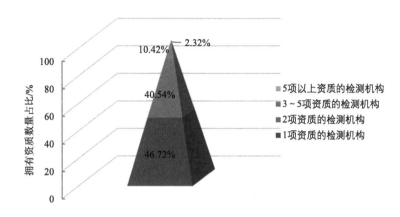

彩图 19-3

图 19-3　陕西省质量检测机构资质情况

19.1.3　全省检测人员数量及专业分布情况

按照陕西省住房和城乡建设厅《关于贯彻落实建设部〈建设工程质量检测管理办法〉的实施意见》的要求，陕西省建设工程质量安全监督总站自 2006 年起开展了检测人员考核工作，涉及专项检测和见证取样 2 类 13 个考核专业，全省共有 10351 人次经考核取得了检测人员考核合格证（表 19-2、图 19-4）。

表 19-2　陕西省质量检测人员拥有的各专业考核合格证情况

科目	地基基础	主体结构	建筑幕墙	钢结构	建筑智能	安装功能性	建筑节能	室内环境	市政道路	轨道交通	土建原材料	安装原材料	市政原材料
拥有考核合格证/人次	1638	1709	45	464	52	37	575	505	498	442	3770	132	484

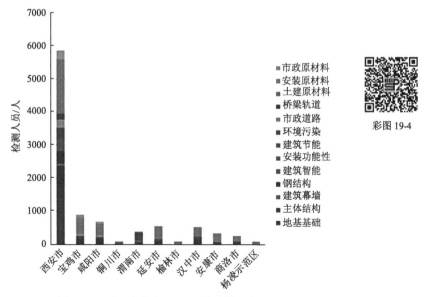

图 19-4　陕西省各市（区）质量检测人员分布

19.1.4 对检测机构的监管情况

依据《陕西省建设工程质量和安全生产管理条例》，全省建设工程质量安全监督系统对建设工程质量检测机构的监管工作有序开展。2014～2017 年连续四年对全省建设工程质量检测机构开展了专项执法检查。据统计，陕西省建设工程质量安全监督总站先后抽查检测机构 87 家、工程项目 174 个、检测报告 6090 份，下发纠正违法行为通知书17 份、执法建议书 5 份，共占抽查检测机构的 25.29%；2011 年、2013 年和 2016 年，陕西省建设工程质量安全监督总站分别开展了主体结构工程钢筋混凝土保护层厚度现场检测、EPS 保温板性能检测和低应变法桩身完整性检测能力验证活动，全省共有 87家检测机构471人参加了能力验证活动，一次性满意率分别为70.00%、45.00%和54.00%；开展了以规范检测行为、提升行业形象为目的的创建文明标准化地基基础检测现场活动。多年来，陕西省建设工程质量安全监督总站定期组织专家对涉及重要结构安全的地基基础检测报告进行抽查，共抽查检测报告 13655 份，发现存在问题的报告 1299 份，对存在的问题均责成有关单位进行了有效整改。

通过上述工作，不仅对存在违法违规行为的检测机构起到了有效的震慑作用，同时也提升了全省质量检测机构、检测人员的业务能力，各级质量安全监督机构监管意识也持续增强。

19.2　存在的问题或障碍

19.2.1　建设各方参与质量检测活动行为不规范

陕西省质量检测行业经过多年发展，检测项目不断增加，检测能力不断增强，但对检测的目的却仍存在模糊认识。建设工程质量检测本身是一个多单位参与的体系性活动，是由建设单位委托、监理单位过程见证、施工单位全面配合、质量检测机构出具检测报告的过程。

目前存在的问题：一是由建设单位委托制度流于形式，由施工单位支付检测费用的情况十分普遍；二是任意压缩检测周期；三是随意制定检测项目招标规则，在开标后进行二次、三次甚至多次询价，在多次询价后确定最低价质量检测机构中标的现象十分普遍，导致最低价中标成为行业潜规则。

由于施工单位是多数建设工程质量检测项目的实际出资方，检测机构即使在检测中发现了不合格情况，但是迫于经营压力，也不敢"声张"，只能进行"妥善"处理，而客观存在的质量问题并没有得到有效处理，给工程质量埋下隐患。按照规定，质量检测机构试验所用的试件是由施工单位按照规范要求制作、养护并在监理单位的见证下抽取送至检测机构的。建设部《房屋建筑工程和市政基础设施工程实行见证取样和送检的规定》（建设〔2000〕211 号）文件中对适用该规定的材料、见证取样比例及相关程序进行了明确规定，而在实际中，施工单位在制作、养护试块的过程中，存在"吃小灶""特殊加工"等情况。

19.2.2 建设工程质量检测市场不规范

一是虽然检测合同是由建设单位和质量检测机构签订的，但检测费用却是由施工单位支付的。二是绝大多数检测项目收费没有相关规定，目前多数采取议价形式。专项检测类，除地基基础检测项目参照《工程勘察设计收费标准》（2002 年修订本）进行收费外，其他检测项均无检测收费标准。三是实行了检测招投标的建设项目，在招标过程中因为没有相应收费标准，无法制定出相应标底，导致建设单位四处寻找标底价，投标单位为了中标竞相压价。近年来，检测机构数量逐年增加，无序竞争的局面愈演愈烈，直接导致了检测质量无法保证。

19.2.3 施工单位自检弱化，工程质量风险把控完全依靠第三方检测

建设工程质量检测是建筑质量风险控制手段的一部分。《陕西省建设工程质量和安全生产管理条例》第三十五条、第六十条已明确了施工单位在施工过程中对质量风险把控的责任，但实际上施工单位的自检越来越弱化，完全把自身的风险把控责任交由检测机构承担，这是对检测本身的误解，也是对检测活动和检测主体的错误定位。近年来，施工单位的质量保证体系不健全的问题仍然突出，为此在规范、标准体系中不得不增设了许多检测项目，但是施工单位自检的弱化，是很难通过检测来弥补的。还有的施工单位将其原自有实验室变为独立法人的第三方检测机构，其自检就更加简单化、表面化、过场化。施工单位自检过程的弱化、手段的缺失，带来了更大的质量风险。

19.2.4 相同资质的建设工程质量检测机构检测能力差距大

质量检测机构的检测能力由人员、设备、方法、环境、物料等因素构成，其数量的多少和质量之优劣，直接影响着质量检测机构的能力。陕西省建设工程质量检测机构资质按照业务内容划分为 2 大类 14 项，除"既有建筑结构、使用功能、安全可靠性综合检测、评估、鉴定"外，其余 13 项资质均可独立申请。但资质证书不能完全体现检测机构的检测能力，以地基基础专项检测为例：全省具备此项检测资质的单位 53 家，在对其中的 30 家单位的主要检测设备（千斤顶）、检测人员、自动观测仪进行的调研表明，相同资质的不同机构在人员、设备等方面存在较大差距（表 19-3、图 19-5）。

表 19-3 陕西省地基基础专项检测人员及设备情况

检测机构		检测人员	千斤顶	自动观测仪
调查 30 家总计		929 人	1039 台	84 套
甲单位	数量	82 人	68 台	21 套
	百分比	8.83%	6.54%	25.00%
乙单位	数量	10 人	6 台	0 套
	百分比	1.08%	0.58%	0.00%

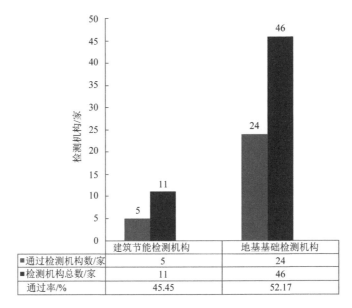

图 19-5　陕西省建设工程质量检测机构两项能力验证情况

19.2.5　建设工程质量检测人员业务水平良莠不齐

2014～2017 年，陕西省报名参加质量检测人员考核的有 10267 人次。其中，中级以上职称的有 3604 人次，占报名总人数的 35.10%，考核通过的有 4666 人次，平均通过率为 45.45%；市政原材料检测项平均通过率最高为 59.00%，安装功能性检测项平均通过率最低为 25.00%。

19.3　促进行业良性发展的对策及建议

19.3.1　完善建设工程质量检测机构资质管理体系

一是建议质量检测机构资质按人员、设备、方法、环境、物料等因素的数量多少和质量优劣等情况进行分级；二是按照"放管服"要求，将低资质等级检测机构的行政审批权限下放，从"放数量"向"提质量"转变，避免出现资质审批和监督管理"两张皮"的现象；三是资质管理采取进阶式管理模式。

19.3.2　强化建设工程质量检测活动中各方责任主体的责任

一是严格落实建设工程质量检测由建设单位委托并支付检测费用的规定；二是加大对建设各方落实进场材料联合验收制度、见证取样制度情况的检查力度；三是强化施工单位质量保证体系运行，鼓励其完善质量控制手段。

19.3.3　逐步规范建设工程质量检测市场

一是建议尽快出台工程质量检测指导价，正面引导检测市场规范化运行；二是重点治理在招投标过程中的围标、串标等行为，提倡合理价中标；三是坚决杜绝质量检测机构转包检测业务和非法挂靠等违法违规行为。

19.3.4　加大对质量检测行为的监管力度，严格落实检测业务信息化要求

一是按照"四不两直""双随机"的要求，加大对质量检测机构的日常检查力度，并形成长效机制；二是加大对有违法违规行为质量检测机构的处罚力度，并将相关信息纳入诚信信息平台实施动态管理；三是全面推进检测业务信息化建设，通过充分运用计算机和"互联网＋"等信息化手段，保障质量检测机构检测业务流程和资源管理的真实性、准确性，提升监管单位的监管效能，丰富监管手段，全面实现"数据一个库、监管一张网、管理一条线"的信息化监管目标。

19.3.5　强化工程质量检测人员培训、考核工作，切实提升法律意识和检测能力

一是建立健全检测人员培训机制，逐步形成以强化检测机构自行培训为基础、社会培训为补充的多元化培训体系；二是为检测机构提供多途径的业务提升、交流平台，组织开展形式多样的检测业务比对工作；三是严格检测人员考核程序，丰富考核手段，吸引高学历、高水平人才投身检测行业，整体提升检测行业人员素质和行业形象。

第 20 章　宁夏回族自治区建设工程质量检测行业发展状况

20.1　概况

总体来看，宁夏回族自治区的建设工程质量检测行业近些年发展较快，但整体发展质量不高，截至 2021 年年底，宁夏地区具有自治区住房和城乡建设厅颁发的质量检测资质证书的检测机构共 106 家。

20.1.1　检测机构地域分布

银川市（包括所辖市县区）有质量检测机构 54 家，占比 50.94%；石嘴山市有 13 家，占比 12.26%；吴忠市有 13 家，占比 12.26%；固原市有 16 家，占比 15.10%；中卫市有 8 家，占比 7.55%；宁东地区有 2 家，占比 1.89%（图 20-1）。

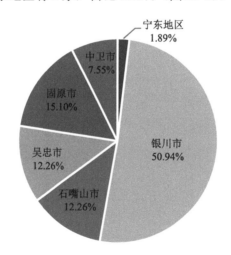

图 20-1　宁夏回族自治区质量检测机构地域分布情况

20.1.2　检测机构资质类别和数量

宁夏回族自治区具有 2 项及 2 项以下检测资质类别的企业共 42 家（包括见证取样检测资质或 1 项专项检测资质的），占比 39.62%；具有 3～4 项检测资质类别的企业共 34 家，占比 32.08%；具有 5～6 项检测资质类别的企业共 19 家，占比 17.92%；具有 7 项及以上检测资质类别的企业共 11 家，占比 10.38%。各地区检测行业发展不均衡，资质范围大、综合能力强的质量检测机构数量较少，且大型综合性的检测机构主要集中在宁夏回族自治区首府银川市。

20.1.3　检测人员构成情况

宁夏回族自治区从事检测工作的人员共 2278 人。其中，高级职称人员 237 人，占比 10.40%；中级职称人员 604 人，占比 26.52%；初级职称人员 518 人，占比 22.74%；其他人员 919 人，占比 40.34%。初级职称及以下人员占比超过 60%（图 20-2）。

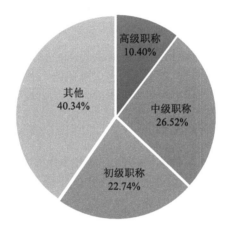

图 20-2　宁夏回族自治区质量检测人员职称情况

20.2　行业特点

20.2.1　行业发展较快，但整体发展质量仍有待提高

近年来，宁夏回族自治区的建设工程质量检测行业发展较快，质量检测市场逐渐趋于饱和，但存在地域差异，且质量检测人员中初级职称及以下人员占半数以上，检测行业总体发展水平不高。

20.2.2　质量检测市场竞争异常激烈

质量检测市场恶性竞争严重，诚信经营意识淡薄，在每年的专项检查工作中都可以发现，虚假检验和出具虚假报告的情况时有发生。特别是银川市质量检测机构数量占到了全区的 50%，市场竞争异常激烈，检测收费在市场指导价的基础上打一至二折的情况时有发生，甚至有低于成本价承揽业务的行为，并且在跨地区、跨区域检测中对其他市县的检测市场同样形成恶性打压，全区检测市场环境逐年恶化。

20.3 经验和典型做法

20.3.1 建立科学完善的监管机制

宁夏回族自治区政府出台了加强质量检测机构管理的政策文件，进一步完善了宁夏回族自治区的建设工程质量检测管理制度体系。住房和城乡建设主管部门每年组织开展质量检测机构专项检查，对虚假检测等违法违规行为进行行政处罚，并向社会通报检查情况。定期组织开展检测机构能力比对工作，验证检测机构相关检测项目的检测能力。优化监管信息系统，增加了企业必须将报告上传到监管平台后，企业端才能打印试验报告的功能。强化监管创新，研究组织开展二维码唯一性标识、检测综合报告制度等试点工作。

20.3.2 开展检测机构信用评价工作

从 2019 年起组织开展质量检测机构信用评价工作。为了进一步规范检测市场，宁夏回族自治区建设工程质量安全总站发文建议政府投资工程优先选用 AAA 级质量检测机构，宁夏回族自治区住房和城乡建设厅在质量检测机构资质延期等工作中，应用质量检测机构信用评价认定结果，开通信用评价等级高的质量检测机构资质延期绿色通道，进一步鼓励质量检测机构创优争先。

20.3.3 编制检测报告地方标准

2020 年，宁夏回族自治区建设工程质量安全总站组织编制了地方标准《宁夏建设工程检测报告编制导则》，对全区检测试验报告格式进行了统一规定，并在监管系统进行了统一导入，推进全区检测报告管理的标准化和规范化。

20.3.4 修订检测管理工作规范性文件

2021 年 6 月 8 日起施行的《宁夏回族自治区建设工程质量检测管理实施细则（试行）》（宁建规发〔2021〕3 号）对质量检测机构资质条件、管理要求等内容进行了修改和完善，使建设工程质量检测机构资质标准和检测业务范围等更贴合实际。

20.3.5 开展建筑材料唯一性标识见证取样工作

2020 年，宁夏回族自治区住房和城乡建设厅在全区组织开展工程建筑材料唯一性标识现场取样工作，加强了全区施工现场取样试验管理工作的水平，保证了建筑材料试块试件的代表性和真实性。

20.4　存在的问题或障碍

20.4.1　行业政策不完善，市场准入门槛过低

在国家实施"放管服"政策的背景下，宁夏回族自治区住房和城乡建设厅在 2021 年制定出台了《宁夏回族自治区建设工程质量检测管理实施细则（试行）》（宁建规发〔2021〕3 号），其中设置的建设工程质量检测资质申请许可的标准，依据的是建设部 2005 年发布的《管理办法》（建设部令第 141 号），其中对质量检测机构资质标准的条件和内容已与现行社会发展情况严重不符，质量检测机构申请资质标准的条件要求不高，市场准入门槛较低，导致近几年大量的质量检测机构成立，而其中部分质量检测机构是通过挂证、临时聘用专业人员等方式进行资质申请，在获取资质后，为了减少经营成本，便解除部分临时聘用人员的劳动合同，造成实际从事检测工作的人员达不到资质标准条件的最低要求，导致检测机构质量管理体系不够完善，管理水平和能力也难以提高。

20.4.2　建设工程质量检测收费缺乏统一指导价，市场存在恶性竞争

宁夏回族自治区物价局联合自治区财政厅在 1990 年代中期、2000 年前后，出台过建设工程建筑材料相关检测收费标准，最近一次发布收费标准是在 2009 年。在各地建设行政主管部门下属的检测机构逐步"政企分离"走向市场后，物价部门不再出台相关指导价格。目前，全区尚没有统一的符合当前经济水平和行业发展要求的建设工程质量检测指导价格，导致很多新项目没有收费标准，政府投资项目无法进行概算和结算，质量检测机构间恶性竞争明显。

20.4.3　质量检测人员缺乏专业培训

2018 年 12 月至今，全区的试验员、见证取样员的培训和考试工作，以及试验员检测岗位证书的考核指标均已取消，要求质量检测机构自行对岗位人员培训上岗，然而在落实培训责任过程中，部分质量检测机构自行培训的水平和能力不足，或是流于形式，培训质量不高。需要提供更为专业系统的检测培训，吸引和培养高水平专业检测人才。

20.4.4　缺乏检测行业协会约束

行业协会是具备行业特点的社会性服务组织，是行业发展与政府监管之间的纽带与桥梁，可以在维护行业利益的同时，建立行业自律公约。目前，宁夏回族自治区的质量检测协会或质量检测专业委员会仍未正式成立。

20.5 措施和建议

20.5.1 完善市场准入清出制度并强化监管措施

及时根据住房和城乡建设部修订出台的《管理办法》(住房和城乡建设部令第57号)，修订完善宁夏回族自治区的检测行业管理政策。加强监管力度，严格按照现行的资质标准条件进行资质审批，不定期进行资质动态核查，对超期的质量检测机构以及能力不符合相应项目要求的质量检测机构及时作出管控。控制现有质量检测机构数量，提高检测质量，探索试行资质"一出一进"的工作制度。在各级监管部门人员缺少的情况下，研究完善全区质量检测监管信息系统功能，全面推行和落实信息化监管措施。

20.5.2 推进诚信建设，完善检测行业奖惩制度

按照《宁夏回族自治区建设工程质量检测机构信用评价管理办法（试行）》（宁建规发〔2018〕15号），推进全区质量检测机构信用评价工作，应用信用评价认定结果，引导并鼓励工程建设单位选择质量检测机构时，注重质量检测机构的诚信等级和诚信业绩。同时，建立完善守信奖励和失信惩戒机制，依法对诚信行为给予激励，对诚信企业放宽监管；对不诚信的企业进行重点监管，依法严惩其不诚信行为，对其承揽的检测项目加强日常监督检查，引导企业重视和培养诚信意识，强化诚信在检测行业中的作用。

20.5.3 完善培训机制，提升检测机构核心竞争力

为实现质量检测机构的高质量发展，必须吸引高质量人才，提高质量检测机构的技术服务能力，增强核心竞争力，为委托方提供科学、公正、准确的检测数据结果。检测机构应探索市场需求，增强综合能力，科学布局检测业务，同时，要树立品牌意识，增强诚信建设，用技术和服务赢得客户，从而在复杂的检测市场中取得竞争优势。

20.5.4 成立检测协会，发挥协会的市场指导作用

在没有一个统一指导价的市场下，组织成立宁夏回族自治区检测协会或检测专业委员会，将全区质量检测机构纳入检测协会进行管理，建立健全行业管理制度和自律发展计划，定期组织开展全区的质量检测机构能力比对、质量检测机构能力评价工作，并根据结果有针对性地帮助劣势地区及弱势机构到高水平机构学习交流。在检测人员管理方面，由检测协会对全区检测人员进行统一管理，定期组织开展检测人员培训考核，检测人员只有通过相应检测项目的考核测评，取得相应合格证书后，方可从事检测工作。在质量检测机构创新方面，检测协会可以组织区内优秀的检测机构联合宁夏大学等区内一流高校，共同开展科研项目，创建区内重点实验室等，这些工作将极大地增强质量检测机构提高自身管理水平的积极性，拓宽宁夏回族自治区检测行业持续健康发展的道路。

第三篇

建设工程质量检测机构统计分析

第21章　建设工程质量检测机构资质资源状况

为全面总结回顾建设工程质量检测行业发展历程，展示行业发展成就，探讨行业发展趋势，2022 年初中国建筑业协会质量管理与监督检测分会在全国范围内开展了建设工程质量检测机构数据调研，共有 32 个省、自治区、直辖市的 2773 家建设工程质量检测机构参与本次调研，以下为调研的基本情况。

21.1　资金规模

从资金规模看，在 2773 家检测机构中：企业注册资本在 500 万元以下的质量检测机构 1669 家，占比 60.19%；500 万～1000 万元的质量检测机构 595 家，占比 21.46%；1000 万元及以上的质量检测机构 509 家，占比 18.35%；500 万元以下的质量检测机构占比超过一半（图 21-1）。

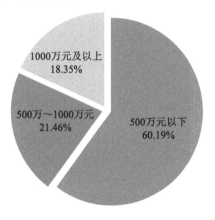

图 21-1　质量检测机构资本注册情况

从机构性质看，在 2773 家检测机构中：企业性质的机构占比较大，共 2442 家，占比 88.06%；事业单位转企业性质的机构 234 家，占比 8.44%；事业单位性质的机构 97 家，占比仅为 3.50%（图 21-2）。未经认定的高新技术企业共 2192 家，占比 79.05%。仅有 0.72% 的企业在境内上市或在新三板挂牌。

企业性质为民营企业的共 1720 家，占比 64.28%；国有企业 750 家，占比 28.03%；其他性质的企业 187 家，占比 6.98%，合资企业 18 家，占比 0.67%；外资企业 1 家，仅占比 0.04%（图 21-3）。

企业控股为私人控股的共 1761 家，占比 65.81%；国有控股的共 630 家，占比 23.54%；集体控股的共 147 家，占比 5.49%；其他共 137 家，占比 5.12%；港澳台商控股仅有 1 家，占比 0.04%（图 21-4）。

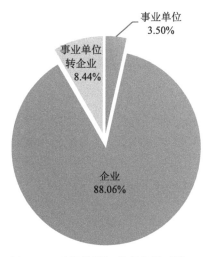

图 21-2 质量检测机构单位性质情况

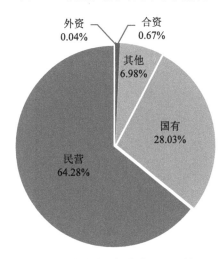

图 21-3 质量检测机构企业性质情况

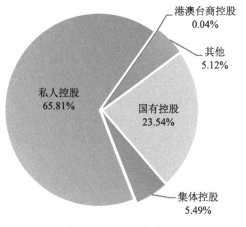

图 21-4 质量检测机构企业控股情况

目前市场环境下，质量检测行为面临的民事法律风险增加，通过购买责任保险来提高质量检测机构的赔付能力和风险抵御水平，是国际质量检测机构的通行做法，但我国的质量检测机构仍然欠缺投保责任保险的意识。从调研情况看，质量检测机构没有购买保险的共 2190 家，在 2773 家检测机构中占比为 78.98%；购买保险的 583 家检测机构中有 455 家没有购买责任险，占比 78.04%。128 家购买责任险的检测机构中，责任险保费支出 1 万元以下 59 家，占比 46.09%；1 万～5 万元的 34 家，占比 26.57%；5 万～10 万元的 7 家，占比 5.47%；10 万～50 万元的 17 家，占比 13.28%；50 万元及以上的 11 家，占比仅为 8.59%（图 21-5、图 21-6）。

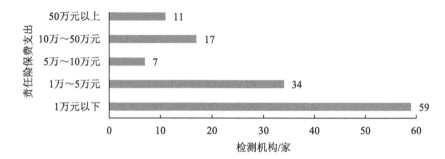

图 21-5　质量检测机构责任险保费支出情况

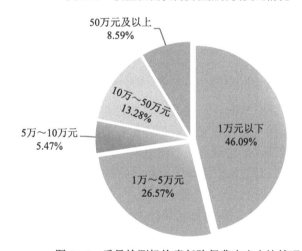

图 21-6　质量检测机构责任险保费支出占比情况

在购买保险的 583 家质量检测机构中，购买人员职业责任险的共 317 家，占比 54.37%。其中，保费支出 1 万元以下的 116 家，占比 36.59%；保费支出 1 万～5 万元的 116 家，占比 36.59%；保费支出 5 万～10 万元的 39 家，占比 12.31%；保费支出 10 万～50 万元的 35 家，占比 11.04%；保费支出 50 万元及以上的 11 家，占比仅为 3.47%（图 21-7、图 21-8）。

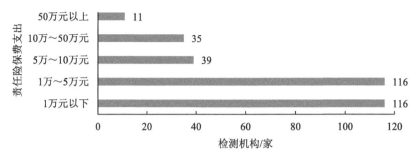

图 21-7 质量检测机构检测人员职业责任险保费支出情况

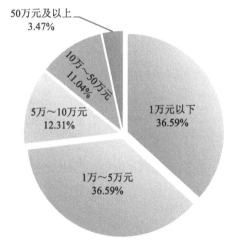

图 21-8 质量检测机构检测人员职业责任险保费支出占比情况

从质量检测机构技术评审情况看，接受建设主管部门组织的资质认定技术评审的1778 家质量检测机构中：接受国家建设主管部门组织的资质认定技术评审的机构共 30家，占比 1.69%；接受省级及以下建设主管部门组织的资质认定技术评审的共 1748 家，占比 98.31%。接受市场监督管理部门组织的资质认定技术评审的 2187 家质量检测机构中：接受国家市场监督管理部门组织的资质认定技术评审的共 48 家，占比 2.19%；接受省级及以下市场监督管理部门组织的资质认定技术评审的共 2139 家，占比 97.81%。2773家检测机构中，接受实验室认可评审的共 711 家，占比为 25.64%；接受其他行政主管部门、社会组织、团体及境内外评价机构评审的共 492 家，占比 17.74%；加入行业协会的机构共 2688 家，占比 96.93%。

参与统计的 2773 家质量检测机构中，浙江省质量检测机构数量占比最大，为 12.04%。质量检测机构数量最多的前 3 个省分别是浙江省 334 家、四川省 303 家、广东省 298 家，合计占总数量的 33.72%。

21.2 资质证书状况

2773 家质量检测机构中，具有检验检测机构资质认定证书（CMA）的共 2750 家，占比 99.17%；具有建设工程质量检测机构资质证书的共 2691 家，占比 97.04%；具有实验室、检验机构认可证书（CNAS）的共 226 家，占比 8.15%；具有其他证书的共 754家，占比 27.19%。

　　质量检测机构共取得检测资质 12327 项。其中，取得司法鉴定资质的机构 117 家，占比 0.95%；见证取样资质的机构 2367 家，占比 19.20%；地基基础资质的机构 1288 家，占比 10.45%；主体结构资质的机构 1881 家，占比 15.26%；建筑幕墙资质的机构 314 家，占比 2.55%；钢结构资质的机构 1024 家，占比 8.31%；建筑节能资质的机构 1273 家，占比 10.33%；室内环境资质的机构 1241 家，占比 10.07%；建筑门窗资质的机构 1122家，占比 9.10%；市政工程资质的机构 1019 家，占比 8.26%；其他 681 家，占比 5.52%（图 21-9、图 21-10）。各机构间相同检测范围的参数差异大，部分检测机构需加紧扩项、增项。

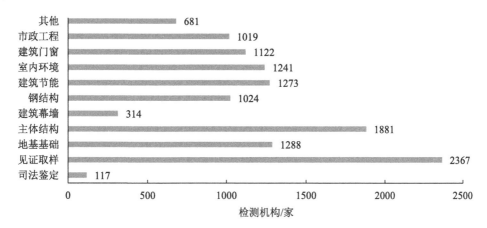

图 21-9　质量检测机构资质类别分布情况

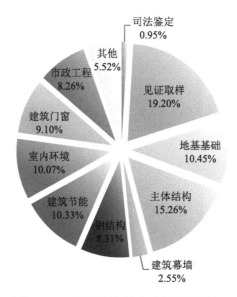

图 21-10　质量检测机构资质类别占比情况

21.3 机构资源状况

从质量检测机构资源情况看，2773 家检测机构中：机构总面积在 500m^2 以下的 351 家，占比 12.66%；500～1000m^2 的 531 家，占比 19.15%；1000～5000m^2 的 1594 家，占比 57.48%；5000m^2 及以上的 297 家，占比 10.71%（图21-11）。机构实验室面积在 200m^2 以下的 220 家，占比 7.94%；200～500m^2 的 480 家，占比 17.31%；500～2000m^2 的 1515 家，占比 54.63%；2000m^2 以上的 558 家，占比 20.12%（图21-12）。在 2773 家检测机构中，购买 50 万元以上仪器设备的机构数量占比 18.14%，购买进口仪器设备的机构数量占比 28.23%。

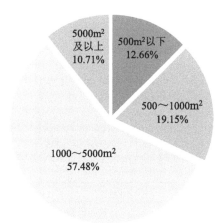

图 21-11 质量检测机构总面积占比情况

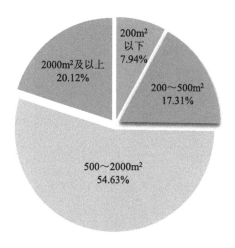

图 21-12 质量检测机构实验室面积占比情况

参与调研的 2773 家质量检测机构中,从业人员合计 132308 人。20 人以下的小规模机构有 878 家,占比 31.66%;20～50 人的中等规模机构有 1165 家,占比 42.01%;50～100 人的较大规模机构有 463 家,占比 16.70%;100 人及以上的大规模机构有 267 家,占比 9.63%(图 21-13)。

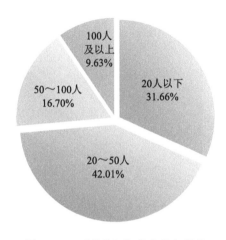

图 21-13　质量检测机构人员规模情况

学历方面,研究生及以上学历人员为 7976 人,占比 6.03%;本科学历人员 56287 人,占比 42.54%;本科以下学历人员 68045 人,占比 51.43%(图 21-14)。对比过往,检测行业的高端技术人才数量正逐步提升,但检测人员仍需提高检测技术水平和综合能力。

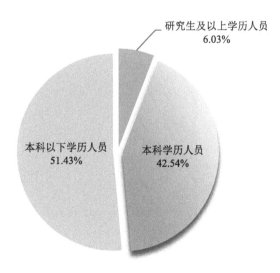

图 21-14　质量检测人员学历情况

专业技术人员方面,专业技术人员总数为 88985 人。其中,具有高级职称人员 14710 人,占比 16.53%;中级职称人员 32556 人,占比 36.59%;初级职称人员 24839 人,占比 27.91%;其他注册资格人员 16880 人,占比 18.97%(图 21-15)。

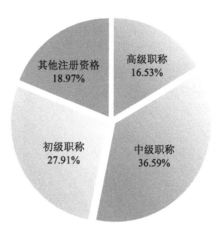

图 21-15　质量检测人员职称情况

第 22 章　建设工程质量检测机构运行状况

22.1　业务状况

2019～2021 年，在全国参与调研的 2773 家质量检测机构中：每年出具检测报告的数量分别为 66954105 份、70958247 份、77747319 份（图 22-1）；营业收入总额分别为 3617704 万元、4011837 万元、5401077 万元（图 22-2）；利润总额分别为 497275 万元、529431 万元、122232 万元（图 22-3）；研发经费分别为 130949 万元、153856 万元、206069 万元（图 22-4）。

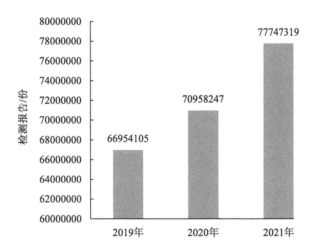

图 22-1　2019～2021 年质量检测机构出具检测报告数量情况

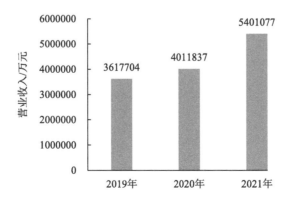

图 22-2　2019～2021 年质量检测机构营业收入情况

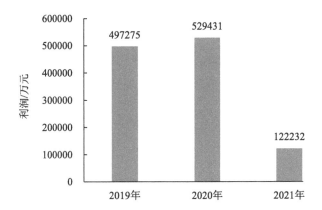

图 22-3 2019～2021 年质量检测机构利润总额情况

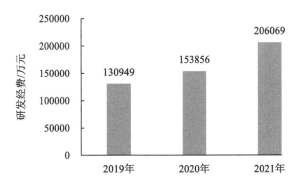

图 22-4 2019～2021 年质量检测机构研发经费情况

2019 年，2773 家质量检测机构出具检测报告数量总计 66954105 份。其中，出具 0 份报告的机构 428 家，占比 15.43%；出具 1～1000 份的机构 437 家，占比 15.76%；出具 1000～5000 份的机构 311 家，占比 11.22%；出具 5000～20000 份的机构 640 家，占比 23.08%；出具 20000 份及以上的机构 957 家，占比 34.51%（图 22-5）。

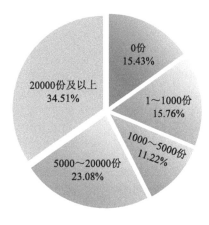

图 22-5 2019 年质量检测机构出具检测报告数量情况

2019 年，2773 家质量检测机构营业收入总计 3617704 万元。其中，营业收入 1 万元以下的机构 432 家，占比 15.58%；1 万～500 万元的机构 1145 家，占比 41.29%；500 万～1000 万元的机构 413 家，占比 14.89%；1000 万～3000 万元的机构 508 家，占比 18.32%；3000 万～5000 万元的机构 129 家，占比 4.65%；5000 万元及以上的机构 146 家，占比 5.27%（图 22-6）。

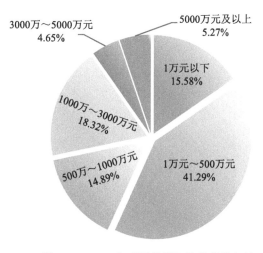

图 22-6 2019 年质量检测机构营业收入情况

2019 年，2773 家质量检测机构利润总额 497275 万元。其中，利润 1 万元以下的机构 945 家，占比 34.08%；1 万～100 万元的机构 1089 家，占比 39.27%；100 万～300 万元的机构 414 家，占比 14.93%；300 万～500 万元的机构 110 家，占比 3.97%；500 万～1000 万元的机构 104 家，占比 3.75%；1000 万元及以上的机构 111 家，占比 4.00%（图 22-7）。

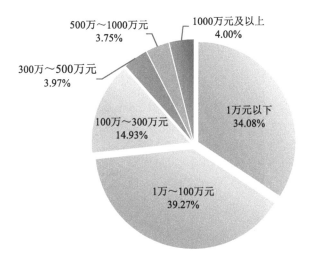

图 22-7 2019 年质量检测机构利润情况

2019 年，2773 家质量检测机构研发费用总计 130949 万元。其中，研发费用 1 万元以下的机构 2276 家，占比 82.08%；1 万~10 万元的机构 56 家，占比 2.02%；10 万~50 万元的机构 85 家，占比 3.07%；50 万~100 万元的机构 65 家，占比 2.34%；100 万~300 万元的机构 165 家，占比 5.95%；300 万元及以上的机构 126 家，占比 4.54%（图 22-8）。

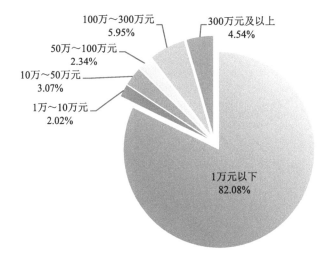

图 22-8　2019 年质量检测机构研发费用情况

2020 年，2773 家质量检测机构出具检测报告数量总计 70958247 份。其中，出具 0 份报告的机构 314 家，占比 11.32%；出具 1~1000 份的机构 441 家，占比 15.90%；出具 1000~5000 份的机构 345 家，占比 12.44%；出具 5000~20000 份的机构 651 家，占比 23.48%；出具 20000 份及以上的机构 1022 家，占比 36.86%（图 22-9）。出具省外报告数量共计 993140 份，占出具报告总数的 1.40%。

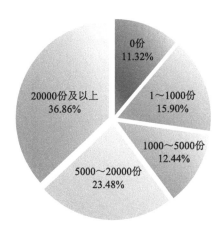

图 22-9　2020 年质量检测机构出具检测报告数量情况

2020 年，2773 家质量检测机构营业收入总计 4011837 万元。其中，营业收入 1 万元以下的机构 337 家，占比 12.15%；1 万～500 万元的机构 1129 家，占比 40.71%；500 万～1000 万元的机构 440 家，占比 15.87%；1000 万～3000 万元的机构 561 家，占比 20.23%；3000 万～5000 万元的机构 136 家，占比 4.91%；5000 万元及以上的机构 170 家，占比 6.13%（图 22-10）。

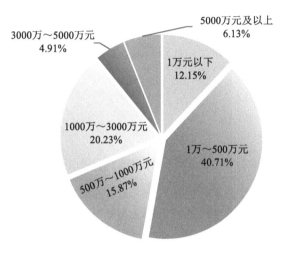

图 22-10　2020 年质量检测机构营业收入情况

2020 年，2773 家质量检测机构利润总额 529431 万元。其中，利润 1 万元以下的机构 825 家，占比 29.75%；1 万～100 万元的机构 1154 家，占比 41.62%；100 万～300 万元的机构 476 家，占比 17.17%；300 万～500 万元的机构 108 家，占比 3.89%；500 万～1000 万元的机构 103 家，占比 3.71%；1000 万元及以上的机构 107 家，占比 3.86%（图 22-11、图 22-12）。

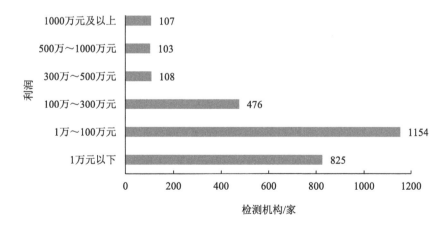

图 22-11　2020 年质量检测机构利润分布情况

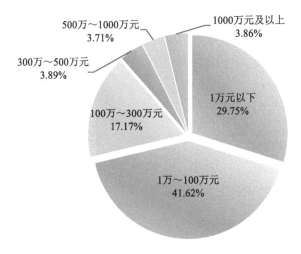

图 22-12　2020 年质量检测机构利润占比情况

2020 年，2773 家质量检测机构研发费用总计 153856 万元。其中，研发费用 1 万元以下的机构 2208 家，占比 79.61%；研发费用 1 万～10 万元的机构 52 家，占比 1.88%；研发费用 10 万～50 万元的机构 92 家，占比 3.32%；研发费用 50 万～100 万元的机构 87 家，占比 3.14%；研发费用 100 万～300 万元的机构 184 家，占比 6.64%；研发费用 300 万元及以上的机构 150 家，占比 5.41%（图 22-13）。

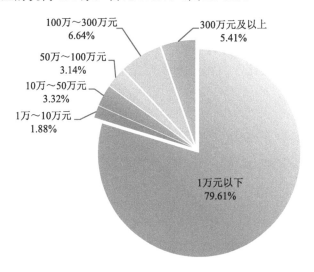

图 22-13　2020 年质量检测机构研发费用情况

2021 年，2773 家检测机构出具检测报告数量总计 77747319 份。其中，出具 0 份报告的机构 113 家，占比 4.08%；出具 1～1000 份的机构 485 家，占比 17.49%；出具 1000～5000 份的机构 396 家，占比 14.28%；出具 5000～20000 份的机构 713 家，占比 25.71%；出具 20000 份及以上的机构 1066 家，占比 38.44%（图 22-14）。出具省外报告数量共计 1312910 份，占出具报告总数的 1.69%。

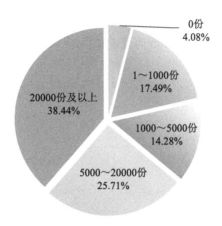

图 22-14　2021 年质量检测机构出具检测报告数量情况

2021 年，2773 家质量检测机构营业收入总计 5401077 万元。其中，营业收入 1 万元以下的机构 148 家，占比 5.34%；营业收入 1 万～500 万元的机构 1180 家，占比 42.55%；营业收入 500 万～1000 万元的机构 474 家，占比 17.09%；营业收入 1000 万～3000 万元的机构 595 家，占比 21.46%；营业收入 3000 万～5000 万元的机构 165 家，占比 5.95%；营业收入 5000 万元及以上的机构 211 家，占比 7.61%（图 22-15、图 22-16）。

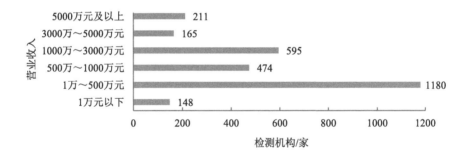

图 22-15　2021 年质量检测机构营业收入分布情况

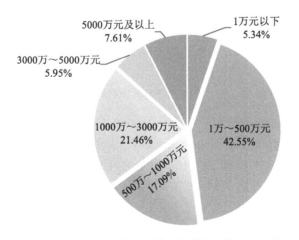

图 22-16　2021 年质量检测机构营业收入占比情况

2021 年，2773 家检测机构利润总额 122232 万元。其中，利润 1 万元及以下的机构 743 家，占比 26.79%；利润 1 万～100 万元的机构 1148 家，占比 41.40%；利润 100 万～300 万元的机构 529 家，占比 19.08%；利润 300 万～500 万元的机构 112 家，占比 4.04%；利润 500 万～1000 万元的机构 114 家，占比 4.11%；利润 1000 万元及以上的机构 127 家，占比 4.58%（图 22-17、图 22-18）。

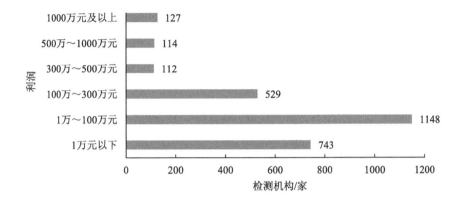

图 22-17   2021 年质量检测机构利润分布情况

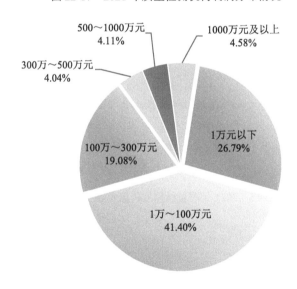

图 22-18   2021 年质量检测机构利润占比情况

2021 年，2773 家检测机构研发费用总计 206069 万元。其中，研发费用 1 万元以下的机构 2163 家，占比 78.00%；1 万～10 万元的机构 66 家，占比 2.38%；10 万～50 万元的机构 90 家，占比 3.25%；50 万～100 万元的机构 72 家，占比 2.60%；100 万～300 万元的机构 205 家，占比 7.39%；300 万元及以上的机构 177 家，占比 6.38%（图 22-19）。

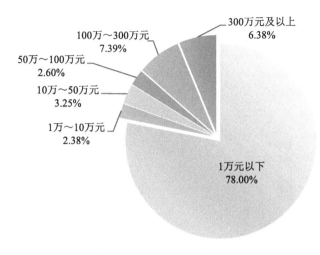

图 22-19　2021 年质量检测机构研发费用情况

22.2　研究开发活动

从研究开发活动来看，2021 年，2773 家质量检测机构参与省部级及以上科研项目506 项。其中，未参与研发项目的机构 2677 家，占比 96.54%；参与 1～5 项的机构 71家，占比 2.56%；参与 6～10 项的机构 12 家，占比 0.43%；参与 11～20 项的机构 7家，占比 0.25%；参与 20 项以上的机构 6 家，占比 0.22%（图 22-20）。2021 年，2773家质量检测机构参与标准修订 2893 项。其中，未参与标准修订的单位 2502 家，占比90.23%；参与 1～5 项的单位 228 家，占比 8.22%；参与 6～10 项的单位 22 家，占比0.79%；参与 11～20 项的单位 15 家，占比 0.54%；参与 20 项以上的单位 6 家，占比0.22%（图 22-21）。参与制修订的标准中：国家标准为 951 项，行业标准为 1105 项，地方标准为 837 项。

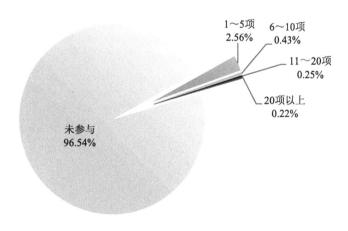

图 22-20　2021 年质量检测机构参与省部级及以上科研项目情况

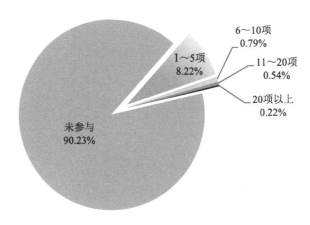

图 22-21　2021 年质量检测机构参与标准制修订情况

2021 年，2773 家质量检测机构获得省级以上奖项 300 项。其中，获得 0 项奖项的机构 2668 家，占比 96.22%；获得 1～5 项奖项的机构 94 家，占比 3.39%；获得 6～10 项的机构 7 家，占比 0.25%；获得 11～20 项奖项的机构 2 家，占比 0.07%；获得 20 项以上奖项的机构 2 家，占比 0.07%（图 22-22）。2021 年，2773 家质量检测机构拥有有效专利 9290 件。其中，拥有 0 件专利的机构 2143 家，占比 77.28%；拥有 1～5 件专利的机构 193 家，占比 6.96%；拥有 6～10 件专利的机构 127 家，占比 4.58%；拥有 11～20 件专利的机构 188 家，占比 6.78%；拥有 20 件及以上专利的机构 122 家，占比 4.40%（图 22-23）。

2021 年，2773 家质量检测机构共注册商标 462 件。其中，拥有 0 件的机构 2609 家，占比 94.09%；拥有 1～5 件的机构 147 家，占比 5.30%；拥有 6～10 件的机构 8 家，占比 0.29%；拥有 11～20 件的机构 7 家，占比 0.25%；拥有 20 件及以上的机构 2 家，占比 0.07%（图 22-24）。2021 年，2773 家质量检测机构拥有研究开发人员 15751 人，研究开发人员占技术人员总数的 15.38%。其中，拥有研发人员 0 人的机构 2132 家，占比 76.88%；拥有研发人员 1～10 人的机构 220 家，占比 7.93%；拥有研发人员 10～50

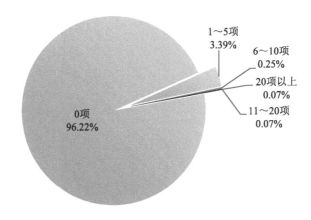

图 22-22　2021 年质量检测机构获得省级以上奖项情况

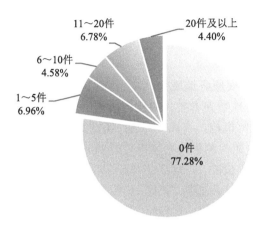

图 22-23　2021 年质量检测机构拥有有效专利情况

人的机构 359 家，占比 12.95%；拥有研发人员 50～100 人的机构 39 家，占比 1.41%；拥有研发人员 100 人及以上的机构 23 家，占比 0.83%（图 22-25）。

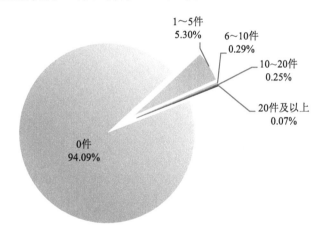

图 22-24　2021 年质量检测机构拥有注册商标情况

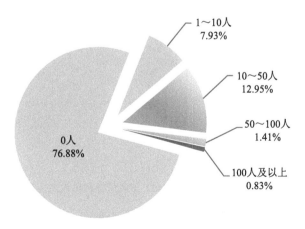

图 22-25　2021 年质量检测机构拥有研究开发人员情况

22.3 服务和客户

2021年，从质量检测机构主要服务地域来看：主要服务地域为本地市内的检测机构，占比56.58%；其次是主要服务地域为本省内的检测机构，占比30.15%；第三是主要服务地域为本省及个别省份的检测机构，占比7.32%；第四是主要服务地域为全国范围的检测机构，占比5.59%；仅有少数检测机构在境内外开展业务，占比0.36%（图22-26）。检测机构主要客户对象为建设单位的，占比31.72%，其后依次是施工企业、建材企业、事业单位、行政机关、生产企业、社会团体、其他（一般为个人委托），分别占比26.39%、9.88%、9.06%、8.77%、7.55%、5.94%、0.69%（图22-27）。

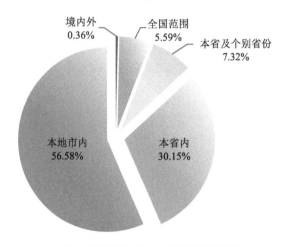

图 22-26　2021年质量检测机构主要服务地域情况

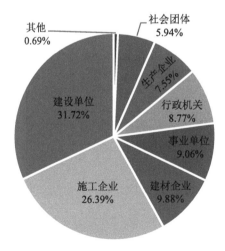

图 22-27　2021年质量检测机构主要客户情况

目前，大部分质量检测机构一般在各自所在行政区域开展业务，并接受当地主管部门的监管。质量检测机构对政府工程的检测项目，一般通过政府采购程序承接，如公开招标、竞争性谈判及摇珠等，或通过自由承接、直接委托、派单等方式进行业务承接；对于非政府工程的检测项目，则大都以自由承接、摇珠、派单等方式进行业务承接。

在质量检测服务方面，多为固定实验室＋便携设备现场检测，占比 86.01%，其后依次为固定实验室检测、便携设备现场检测，分别占比 9.16%、4.83%（图 22-28）。检测合同文本多使用质量检测机构的制式文本，其后依次是双方协商重新定制的文本、委托单位的制式文本、其他，占比分别为 48.11%、30.19%、20.84%、0.86%（图 22-29）；在合同中增加必要的免责条款的质量检测机构占比较大，接近 80%。

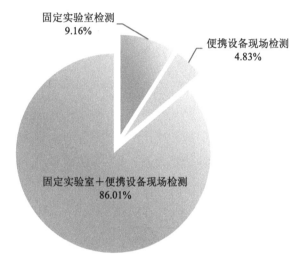

图 22-28　2021 年质量检测机构服务特点情况

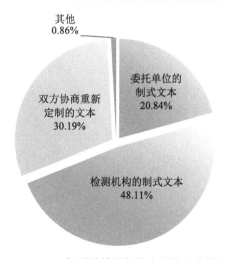

图 22-29　2021 年质量检测机构合同的文本情况

22.4　跨地域发展情况

截至 2021 年，参与本次调研的 2773 家建设工程质量检测机构在本省（市）外设立分支机构的总计 429 个。其中，取得检验检测机构资质认定的分支机构 220 个；向国内省外直接投资企业（项目）33 个；出资金额合计 78412 万元。参与本次调研的 2773 家质量检测机构均未在境外设立分支机构。

22.5 互联网＋质量检测开展情况

在参与本次调研的 2773 家检测机构中，通过互联网开展检测业务的质量检测机构 261 家，占比 9.41%，其中，采用第三方电子商务平台开展业务的质量检测机构 205 家，占比 78.54%。互联网业务量占比 50%及以上的检测机构 139 家，占比 53.26%，互联网业务量占比 50%以下的检测机构 122 家，占比 46.74%（图 22-30、图 22-31）。

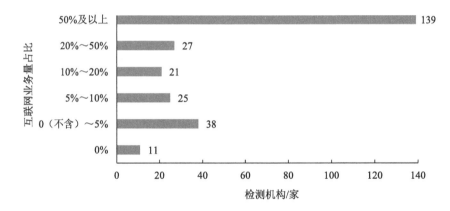

图 22-30　2021 年质量检测机构开展互联网＋形式的业务量情况

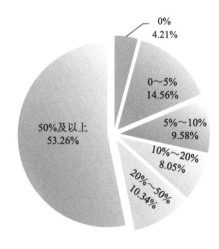

图 22-31　2021 年质量检测机构开展互联网+形式的业务量占比情况

附录 I 相关法律、法规及规范性文件节选

《建设工程质量检测管理办法》（节选）

（中华人民共和国住房和城乡建设部令第 57 号）

第二条 从事建设工程质量检测相关活动及其监督管理，适用本办法。

本办法所称建设工程质量检测，是指在新建、扩建、改建房屋建筑和市政基础设施工程活动中，建设工程质量检测机构（以下简称检测机构）接受委托，依据国家有关法律、法规和标准，对建设工程涉及结构安全、主要使用功能的检测项目，进入施工现场的建筑材料、建筑构配件、设备，以及工程实体质量等进行的检测。

第五条 检测机构资质分为综合类资质、专项类资质。

检测机构资质标准和业务范围，由国务院住房和城乡建设主管部门制定。

第六条 申请检测机构资质的单位应当是具有独立法人资格的企业、事业单位，或者依法设立的合伙企业，并具备相应的人员、仪器设备、检测场所、质量保证体系等条件。

第八条 申请检测机构资质应当向登记地所在省、自治区、直辖市人民政府住房和城乡建设主管部门提出，并提交下列材料：

（一）检测机构资质申请表；

（二）主要检测仪器、设备清单；

（三）检测场所不动产权属证书或者租赁合同；

（四）技术人员的职称证书；

（五）检测机构管理制度以及质量控制措施。

检测机构资质申请表由国务院住房和城乡建设主管部门制定格式。

第九条 资质许可机关受理申请后，应当进行材料审查和专家评审，在 20 个工作日内完成审查并作出书面决定。对符合资质标准的，自作出决定之日起 10 个工作日内颁发检测机构资质证书，并报国务院住房和城乡建设主管部门备案。专家评审时间不计算在资质许可期限内。

第十条 检测机构资质证书实行电子证照，由国务院住房和城乡建设主管部门制定格式。资质证书有效期为 5 年。

第十八条 建设单位委托检测机构开展建设工程质量检测活动的，建设单位或者监理单位应当对建设工程质量检测活动实施见证。见证人员应当制作见证记录，记录取样、制样、标识、封志、送检以及现场检测等情况，并签字确认。

第十九条 提供检测试样的单位和个人，应当对检测试样的符合性、真实性及代表性负责。检测试样应当具有清晰的、不易脱落的唯一性标识、封志。

建设单位委托检测机构开展建设工程质量检测活动的，施工人员应当在建设单位或

者监理单位的见证人员监督下现场取样。

第二十条 现场检测或者检测试样送检时，应当由检测内容提供单位、送检单位等填写委托单。委托单应当由送检人员、见证人员等签字确认。

检测机构接收检测试样时，应当对试样状况、标识、封志等符合性进行检查，确认无误后方可进行检测。

第二十一条 检测报告经检测人员、审核人员、检测机构法定代表人或者其授权的签字人等签署，并加盖检测专用章后方可生效。

检测报告中应当包括检测项目代表数量（批次）、检测依据、检测场所地址、检测数据、检测结果、见证人员单位及姓名等相关信息。

非建设单位委托的检测机构出具的检测报告不得作为工程质量验收资料。

第二十二条 检测机构应当建立建设工程过程数据和结果数据、检测影像资料及检测报告记录与留存制度，对检测数据和检测报告的真实性、准确性负责。

第二十三条 任何单位和个人不得明示或者暗示检测机构出具虚假检测报告，不得篡改或者伪造检测报告。

第二十六条 检测机构应当建立档案管理制度。检测合同、委托单、检测数据原始记录、检测报告按照年度统一编号，编号应当连续，不得随意抽撤、涂改。

检测机构应当单独建立检测结果不合格项目台账。

第二十七条 检测机构应当建立信息化管理系统，对检测业务受理、检测数据采集、检测信息上传、检测报告出具、检测档案管理等活动进行信息化管理，保证建设工程质量检测活动全过程可追溯。

第二十八条 检测机构应当保持人员、仪器设备、检测场所、质量保证体系等方面符合建设工程质量检测资质标准，加强检测人员培训，按照有关规定对仪器设备进行定期检定或者校准，确保检测技术能力持续满足所开展建设工程质量检测活动的要求。

第二十九条 检测机构跨省、自治区、直辖市承担检测业务的，应当向建设工程所在地的省、自治区、直辖市人民政府住房和城乡建设主管部门备案。

检测机构在承担检测业务所在地的人员、仪器设备、检测场所、质量保证体系等应当满足开展相应建设工程质量检测活动的要求。

第三十条 检测机构不得有下列行为：

（一）超出资质许可范围从事建设工程质量检测活动；

（二）转包或者违法分包建设工程质量检测业务；

（三）涂改、倒卖、出租、出借或者以其他形式非法转让资质证书；

（四）违反工程建设强制性标准进行检测；

（五）使用不能满足所开展建设工程质量检测活动要求的检测人员或者仪器设备；

（六）出具虚假的检测数据或者检测报告。

第三十二条 县级以上地方人民政府住房和城乡建设主管部门应当加强对建设工程质量检测活动的监督管理，建立建设工程质量检测监管信息系统，提高信息化监管水平。

第三十三条 县级以上人民政府住房和城乡建设主管部门应当对检测机构实行动态监管，通过"双随机、一公开"等方式开展监督检查。

实施监督检查时，有权采取下列措施：

（一）进入建设工程施工现场或者检测机构的工作场地进行检查、抽测；

（二）向检测机构、委托方、相关单位和人员询问、调查有关情况；

（三）对检测人员的建设工程质量检测知识和专业能力进行检查；

（四）查阅、复制有关检测数据、影像资料、报告、合同以及其他相关资料；

（五）组织实施能力验证或者比对试验；

（六）法律、法规规定的其他措施。

第三十四条　县级以上地方人民政府住房和城乡建设主管部门应当加强建设工程质量监督抽测。建设工程质量监督抽测可以通过政府购买服务的方式实施。

第三十七条　县级以上地方人民政府住房和城乡建设主管部门应当依法将建设工程质量检测活动相关单位和人员受到的行政处罚等信息予以公开，建立信用管理制度，实行守信激励和失信惩戒。

第四十五条　检测机构违反本办法规定，有下列行为之一的，由县级以上地方人民政府住房和城乡建设主管部门责令改正，处 1 万元以上 5 万元以下罚款：

（一）与所检测建设工程相关的建设、施工、监理单位，以及建筑材料、建筑构配件和设备供应单位有隶属关系或者其他利害关系的；

（二）推荐或者监制建筑材料、建筑构配件和设备的；

（三）未按照规定在检测报告上签字盖章的；

（四）未及时报告发现的违反有关法律法规规定和工程建设强制性标准等行为的；

（五）未及时报告涉及结构安全、主要使用功能的不合格检测结果的；

（六）未按照规定进行档案和台账管理的；

（七）未建立并使用信息化管理系统对检测活动进行管理的；

（八）不满足跨省、自治区、直辖市承担检测业务的要求开展相应建设工程质量检测活动的；

（九）接受监督检查时不如实提供有关资料、不按照要求参加能力验证和比对试验，或者拒绝、阻碍监督检查的。

第四十七条　违反本办法规定，建设、施工、监理等单位有下列行为之一的，由县级以上地方人民政府住房和城乡建设主管部门责令改正，处 3 万元以上 10 万元以下罚款；造成危害后果的，处 10 万元以上 20 万元以下罚款；构成犯罪的，依法追究刑事责任：

（一）委托未取得相应资质的检测机构进行检测的；

（二）未将建设工程质量检测费用列入工程概预算并单独列支的；

（三）未按照规定实施见证的；

（四）提供的检测试样不满足符合性、真实性、代表性要求的；

（五）明示或者暗示检测机构出具虚假检测报告的；

（六）篡改或者伪造检测报告的；

（七）取样、制样和送检试样不符合规定和工程建设强制性标准的。

《北京市建设工程质量条例》（节选）

第四十条 施工单位应当按照规定对建筑材料、建筑构配件和设备、预拌混凝土、混凝土预制构件及有关专业工程材料进行进场检验；实施监理的建设工程，应当报监理单位审查；未经审查或者经审查不合格的，不得使用。

监理单位应当监督施工单位将进场检验不合格的建筑材料、建筑构配件和设备、预拌混凝土、混凝土预制构件或者有关专业工程材料退出施工现场，并进行见证和记录。

第四十一条 建设单位应当委托具有相应资质的检测单位，按照规定对见证取样的建筑材料、建筑构配件和设备、预拌混凝土、混凝土预制构件和工程实体质量、使用功能进行检测。施工单位进行取样、封样、送样，监理单位进行见证。

第四十二条 发现检测结果不合格且涉及结构安全的，工程质量检测单位应当自出具报告之日起2个工作日内，报告住房城乡建设或者其他专业工程行政主管部门。行政主管部门应当及时进行处理。

任何单位不得篡改或者伪造检测报告。

第六十二条 本市推行建设工程质量保险制度。

从事住宅工程房地产开发的建设单位在工程开工前，按照本市有关规定投保建设工程质量潜在缺陷责任保险，保险费用计入建设费用。保险范围包括地基基础、主体结构以及防水工程，地基基础和主体结构的保险期间至少为10年，防水工程的保险期间至少为5年。

鼓励建设工程有关单位和从业人员投保职业责任保险。

第六十三条 本市推行建设单位工程质量保修担保制度。

从事住宅工程房地产开发的建设单位应当在房屋销售前，办理住宅工程质量保修担保。保修担保范围包括工程保温、管线、电梯等影响房屋建筑主要使用功能的分项和分部工程。已经投保工程质量潜在缺陷责任保险，且符合规定的保修范围和保修期限的，可以不再办理保修担保。

其他建设单位参照前款执行。

第六十四条 本市推行建设工程施工总承包单位施工质量保修担保制度。

施工总承包单位与建设单位可以按照本市有关规定，在施工总承包合同中约定施工质量保修担保方式。

建设单位应当按照合同约定出具撤销保函申请书或者返还施工质量保证金。

第六十五条 行业协会、学会、金融机构、行政主管部门等，可以根据建设工程有关单位、从业人员的信用情况，在担保保险、资格资质、招标投标、金融信贷、评奖评优等有关工程建设活动中，采取守信激励、失信惩戒措施。

《山东省房屋建筑和市政工程质量监督管理办法》(节选)
(省政府令第 308 号)

第二十七条 工程质量检测单位应当对其出具的检测数据、结果负责,不得弄虚作假。

工程质量检测单位应当单独建立检测结果不合格项目台账;对涉及结构安全检测结果的不合格情况,应当及时向住房城乡建设主管部门报告。

工程质量检测单位应当在检测业务开始前,将检测业务委托合同报住房城乡建设主管部门备案。

第五十一条 违反本办法规定,工程质量检测单位有下列行为之一的,由住房城乡建设主管部门处 1 万元以上 3 万元以下的罚款;构成犯罪的,依法追究刑事责任:

(一)检测数据、结果弄虚作假的;

(二)未将涉及结构安全检测结果的不合格情况向住房城乡建设主管部门报告的;

(三)未将检测业务委托合同报住房城乡建设主管部门备案的。

《浙江省房屋建筑和市政基础设施工程质量检测管理
实施办法》(节选)
(浙建〔2020〕2 号)

第三条 检测机构从事本办法附件一规定的质量检测业务,应当依据本办法取得相应的资质证书。

检测机构资质按照其承担的检测业务内容分为专项检测机构资质和见证取样检测机构资质。检测机构资质标准由附件二规定。

第四条 检测机构资质纸质证书和电子证书由省建设厅统一发放,电子证书与纸质证书具有同等法律效力。

第五条 检测机构发生合并、分立、重组以及改制等事项需承继原资质的,应当按照规定申请重新核定资质。

第六条 检测机构设立的分支机构,须通过计量认证后方可开展检测业务,其检测业务范围不能超过检测机构的资质范围和计量认证范围。分支机构的检测仪器设备、场所环境和人员等应当与所承担的业务相适应。

第七条 检测机构承担工程检测项目,应当签订书面检测合同。检测合同主要内容包括检测内容、执行标准、双方责任、义务以及争议解决方式等,并明确符合标准规范规定的抽检数量。

第八条 检测机构不得承接与其有隶属关系或者其他利益关系的建设、勘察、设计、施工、监理、咨询、代建、项目管理、工程总承包等单位以及建筑材料、建筑构配件委托的检测业务。

第九条 建设单位应当将检测费用单独列入工程概预算,专项用于工程质量检测活动，不得挪作他用，并按照有关规定和合同约定支付。

第十四条　检测原始记录应当清晰完整，不得涂改和篡改。原始记录笔误需要更正时，由原记录人进行杠改，并在杠改处由原记录人签名。检测完成后由不少于两名检测人员签名确认。

由自动检测设备采集检测数据和图像的，应当保存采集的电子数据和图像，并留存检测人员签名的纸质记录，不能长时间保存字迹的纸质记录需由检测人员签名复印后保存。

第十五条　检测报告应当公正、科学、规范，并符合下列规定，方可作为工程质量验收依据：

（一）由检测机构按标准规定在施工现场采样、封样进行检测，检测结论对其试件所代表母体的质量状况负责，严禁出具"仅对来样负责"的检测报告。

（二）由建设单位（或监理单位）和施工单位按有关见证取样送检制度送样，或在施工现场采样、封样的，检测报告应当注明见证单位和见证人。

（三）检测机构出具的检测报告应当字迹清楚、结论明确，经检测人员（或者主检人员）、审核人员、批准人员等相关责任人签名。检测数据自动采集并与管理部门联网的检测报告可使用电子签名。有注册专业工程师要求的专项检测报告，同时加盖执业印章。

（四）检测报告加盖检测机构的公章或检验检测报告专用章，多页检测报告加盖骑缝章。

（五）检测机构在工程现场进行抽样或现场检测，其检测报告至少包含以下内容：工程概况、检测内容、检测依据、检测方法、检测场所、检测设备、取样方式、数量、部位和检测结果等内容。

昆山市住房和城乡建设局《关于进一步加强建设工程质量检测机构监督管理工作的通知》（节选）

一、加强检测机构备案管理

（一）建设工程质量检测机构（以下简称检测机构）经市住建局备案通过后可在我市范围内开展建设工程质量检测业务，市住建局建筑业管理科具体负责备案管理工作。

（二）在昆开展检测业务的外地检测机构应在我市具备固定的检测场所、检测人员、检测设备，并通过省检测主管部门的能力核验。

（三）各检测机构未经市住建局备案或超过资质认定证书范围及备案资质范围的，所出具的检测报告不得作为我市房屋建筑和市政基础设施工程验收、质量监督的依据。

二、加强检测合同管理

（一）建设单位应当委托具有相应资质的检测机构从事工程质量检测业务，同一施工许可证中的工程检测项目不得委托两家及两家以上检测机构；确有特殊情况的，建设单位和原检测机构出具相关情况说明，经工程质量监督机构同意后，方可开展检测业务；未经工程质量监督机构同意的，检测机构出具的检测报告不得作为我市房屋建筑和市政基础设施工程验收、质量监督的依据。

（二）签订完成的检测合同需由建设单位在项目质量监督交底时提交至工程质量监督机构存档，工程质量监督机构负责定期统计汇总。对存在以压低检测费用为目的降低检测质量标准情形的项目，工程质量监督机构应加大工程实体质量、建筑原材料的抽测频次，同时增加对检测机构检查频次。

三、加强检测活动监管

（一）检测业务项目符合本单位资质或备案范围要求的，可以自行检测的，不得委派其他检测机构检测。确有超过本单位资质或备案范围的，出具书面情况说明并经建设单位和原检测单位签字盖章后，报工程质量监督机构备案，可委托经市住建局备案的其他检测机构检测；昆山范围内确无相应资质能力检测的，可由原检测机构向省级或国家级检测机构委托检测。

（二）各检测机构出具的检测报告，涉及建设工程实体质量的，应严格采用现行有效的建设工程验收规范规定的标准、规程开展检测，相关指标、参数应齐全。工程监理、施工单位应依据设计文件、标准、规程核查检测机构出具的检测报告，发现选用标准、规程不符合要求或参数不齐的，应及时向建设单位和工程质量监督机构报告，并不得将其作为我市房屋建筑和市政基础设施工程质量验收的依据。

四、加强检测机构信用体系建设

推进检测机构信用体系建设，实行信用分级分类管理。市住建局依据《苏州市建设工程质量检测机构信用评价细则》，采取行政处罚与信用考核管理相结合的管理方式，充分发挥主体信用考核管理办法作用，强化对检测过程、检测行为的动态监管，严厉打击检测机构的违法违规行为，确保工程检测质量，促进检测市场健康有序发展，不断提高全市工程质量水平。

对评为 A 级的检测机构，减少检查频次，优先推荐参与政府投资的民生实事工程、重大基础设施工程的建设及各类评优评先活动；对评为 C 级的检测机构，列为下一年度的重点监管对象，增加检查频次、资质增扩项现场考核覆盖原有检测参数、委派专家指导帮扶等。

五、加大检测机构监管力度

1. 市住建局建筑业管理科每年应组织不少于两次检测机构专项检查，组织检测行业专家对检测机构开展"双随机"检查，重点检查质量管理、检测行为和有关政策法规的贯彻落实情况等内容，检查记录计入年度综合考核结果，作为我市相关部门对检测机构动态核查及差别化管理的依据。

2. 工程质量监督机构应加强对见证取样送检和检测过程的抽查，监督检测机构的样品收样过程，确保检测报告可追溯。加强对工程原材料检测的比对抽查，委托第三方检测机构对进入施工现场的主要建筑材料、建筑构配件和预拌混凝土质量以及工程实体进行监督抽测，保证建设工程质量检测活动规范有序。

《北京市建设工程质量检测机构市场行为信用评价暂行管理办法》（2021年修订版）（节选）

第五条　市住房城乡建设委负责制定检测机构良好行为、不良行为认定标准，负责检测机构市场行为信息的采集，负责市场行为信息的审核和认定，负责对其他部门或组织提供的相关市场行为信息的采用，负责检测机构市场行为信用评价与评价结果的发布，并组织实施差别化监管。

各区、县建设行政主管部门负责本区、县监管的建设工程项目检测机构市场行为信息的记录、审核，并依照市场行为信用评价结果实施差别化监管。

第六条　本办法所称市场行为信息包括良好行为信息和不良行为信息。

良好行为信息是指检测机构，遵守工程质量检测相关法律、法规、规章、规范性文件或强制性标准，履行检测职责，受到省级以上建设行政主管部门或建设行业相关专业协会、北京市政府相关部门的奖励和表彰，取得的对行业科技进步产生重要影响的创新成果，以及履行社会责任等方面的市场行为信息。

不良行为信息是指检测机构，违反工程质量检测相关法律、法规、规章、规范性文件或强制性标准，受到本市建设行政主管部门行政处罚或处理等方面的市场行为信息。

第七条　良好行为信息按下列规定采集：

（一）市住房城乡建设委及市级检测行业协会给予表彰、奖励的，由负责组织开展表彰、奖励的部门或组织在决定正式生效后5个工作日内，通过建筑市场监管信息系统予以记录；

（二）检测机构具备的工程质量相关检测能力、参加标准制定、取得创新成果、履行社会责任等方面的信息，由检测机构通过市住房城乡建设委建筑市场监管信息系统自行申报，并对所申报内容的真实性负责，市住房城乡建设委对其进行公示；

（三）住房城乡建设部、市政府及相关部门，其他省级建设行政主管部门或建设行业相关专业协会给予的表彰、奖励，由获奖的企业通过市住房城乡建设委建筑市场监管信息系统自行申报，并对所申报内容的真实性负责，市住房城乡建设委对其进行公示。其他省级建设行政主管部门或建设行业相关专业协会给予的表彰、奖励，条件成熟后逐步纳入本市市场行为信用评价；

（四）检测机构取得检测业绩的信息应在每年的4月30日之前，通过市住房城乡建设委建筑市场监管信息系统自行申报，并对所申报内容的真实性负责。

第八条　不良行为信息按下列规定采集：

检测机构的不良行为信息，通过北京市住房城乡建设系统执法工作平台自动采集。

第九条　建立异议信息申诉与复核制度。检测机构对其市场行为信息提出异议的，应当在3个工作日内，在网上填报申诉的相关内容及联系方式，并将相关证明材料一次性提交市住房城乡建设委。

市住房城乡建设委应对异议信息进行核实，并在3个工作日内作出处理。

第十条　建筑市场监管信息系统按照《北京市建设工程质量检测机构市场行为信用

评价标准》（见附件），每天自动对检测机构一年内的市场行为信用进行评价，并于次日 8 时在市住房城乡建设委网站公布排名和得分。

检测机构可登录市住房城乡建设委网站查询市场行为信用评价结果。

第十一条　市场行为信用评价得分＝基础分值（或初始分值）＋良好行为得分－不良行为得分。其中：评价得分满分为 100 分；基础分值为 50 分。

评价工作启动后，在本市新取得资质的检测机构，初始分值为 50 分。

第十二条　检测机构良好行为得分，满分为 50 分，其中：

检测能力信息满分为 20 分。其中，设备总值满分为 10 分，排名第 1 名的得 10 分，按名次逐级递减 0.05 分；专业技术人员数量满分为 10 分，排名第 1 名的得 10 分，按名次逐级递减 0.05 分；

业绩信息满分为 20 分。按照检测机构上一年度年营业收入，排名为第 1 名的得 20 分，按名次逐级递减 0.15 分；

获奖信息满分为 4 分。每获得一次国家或北京市有关表彰、奖项得 2 分；

科技进步信息，满分为 4 分。其中，每参加一次国家或北京市标准制定得 2 分，每取得一次国家或北京市科技成果、管理创新成果得 2 分，每获得一项专利得 2 分；

社会责任信息满分为 2 分。每参加一次市政府组织的与援建、抢险救灾、重大活动有关的工程建设得 1 分。

第十三条　检测机构不良行为得分按照《北京市建设工程质量检测机构及人员违法违规行为记分标准》进行累积记分。

第十四条　检测机构在上一年度有下列行为之一的，其市场行为信用评价为不合格：

（一）超出资质范围从事检测活动的；

（二）未取得相应的资质证书承担质量检测业务的；

（三）转包检测业务的；

（四）涂改、倒卖、出租、出借或者以其他形式非法转让资质证书的；

（五）未按照国家有关工程建设强制性标准进行检测，造成质量安全事故或致使事故损失扩大的；

（六）伪造检测数据，出具虚假检测报告或者鉴定结论的；

（七）其他违法违规行为并造成恶劣影响的。

第十五条　市、区（县）建设行政主管部门应根据检测机构评价得分，实行差别化监管。

（一）对综合得分排名前 10 名的检测机构，实行以下激励办法：

1. 在检测机构申请资质延期、增项、出具与业务经营有关的证明材料等日常管理中优先快速审查；

2. 通过招标方式选取检测机构时，招标人在制作资格预审和招标文件时，应将评价结果作为评审和评标的加分因素；

3. 在特殊情况下，对工程实施强制质量检测时，优先选用；

4. 评优评先时，在同等条件下优先考虑。

（二）对不良行为积分排名前 10 名的检测机构，实行以下限制办法：

1. 列入重点监管检测机构名单；

2. 通过招标方式选取检测机构时，招标人在制作资格预审和招标文件时，应将评价结果作为评审和评标减分因素。

第十六条 工程质量检测委托方应优先选择市场行为信用评价良好的检测机构。

《山东省房屋建筑和市政基础设施工程质量检测信用管理办法》（节选）

（鲁建质监字〔2021〕1 号）

第二十条 各级住房城乡建设管理部门以信用评价结果为依据，对检测机构实施分级分类监管。

（一）对信用评价等级为 AAA 的检测机构，可在行政许可、资质资格管理、招标投标、日常监管等方面实行"绿色通道"、优先办理、简化程序等激励措施；可优先推荐参加各类评优评奖活动；列入政府投资工程推荐名录。

（二）对信用评价等级为 AA 的检测机构，以扶持发展、加强服务为主，帮助其资质升级、增项，鼓励其做大做强，实施简化检查监督。

（三）对信用评价等级为 A 的检测机构，采取正常监管措施，促进其提高自身信用体系建设，进一步提升管理水平。

（四）对信用评价等级为 B、C 的检测机构，列为重点监管对象，加强事中事后监管，加大检查频次，执法检查的必查对象。

（五）对信用评价等级为 D 的检测机构，列为重点监管、执法检查的必查对象，依法依规在市场准入、招标投标、资质资格等方面采取约束和惩戒措施，不得作为评优表彰、政策试点和扶持对象。

第二十一条 "黑名单"信用评级管理期为 1 年，自列入"黑名单"之日起计算。检测机构修复失信行为并且在管理期限内未再次发生符合列入"黑名单"情形行为的，由原列入部门将其从"黑名单"移出，自移出之日起 1 年内不得定为 A 级及以上信用等级。

附录II 部分地区加强建设工程质量检测行业管理的经验做法

云 南 省

近年来，云南省通过加大行业监管力度、创新监管方式，推动了行业技术能力的稳步提升。2021年云南省住房和城乡建设厅发布了《云南省住房和城乡建设厅关于加强工程质量检测管理的通知》，从检测市场、从业人员、检测仪器设备及检测行为四个方面加强对建设工程质量检测机构的监管，尤其明确了对跨区域从事检测活动的机构按属地管理原则进行监管。

云南省住房和城乡建设厅通过开展建设工程质量检测机构双随机抽查及专项检查工作，主要核查取得建设工程质量检测机构资质的机构，是否符合建设工程质量检测资质标准的基本条件，并将省内外建设工程质量检测机构一并纳入检查范围。同时，为进一步加强检验检测机构事中事后监管，优化营商环境，严厉打击出具虚假检验检测数据或结果的违法违规行为，云南省市场监督管理局定期组织开展全省检验检测机构监督抽查工作，随机抽取一定数量的建设工程质量检测机构进行检查。

为规范检验检测市场，提升检验检测机构技术能力，加强对检验检测机构监管，云南省市场监督管理局定期组织开展能力验证工作，重点组织开展了钢筋间距和钢筋保护层厚度检测、防水卷材拉伸性能试验、热轧带肋钢筋拉伸试验、水泥物理性能检测等项目。

为提升检测人员技能技术水平，由云南省总工会、云南省人力资源和社会保障厅、云南省住房和城乡建设厅主办，云南省建设工会承办，云南省工程检测协会协办了职工职业技能大赛建筑工程主体结构检测员技能竞赛活动，提高了行业从业人员技能提升意识。

云南省在行业管理中注重发挥行业协会作用。云南省工程检测协会作为全省工程检测的行业协会，一方面积极主动与行业主管部门沟通，按建设行政主管部门要求每月提供行业反馈报告，同时配合行业主管部门开展对检测机构及人员的考核工作，如能力验证、技能竞赛等，为行业主管部门制定相关行业政策提供数据支撑及依据；另一方面持续加强与检测机构的沟通，及时了解检测机构的诉求，针对检测技术的薄弱环节加强技术技能培训，组织开展如人防检测、建筑节能、装配式建筑检测、既有建筑鉴定与加固等方面的培训；同时，协会本着"走出去，引进来"的理念，组织会员到省内外优秀企业参观、学习和交流，并加强与其他省份行业协会的交流合作，吸取先进管理经验，结合省内自身实际情况不断探索新的行业管理和行业自律的方法。

安 徽 省

安徽省现有检测机构 163 家，其中，国有（股份制）检测机构 108 家，民营检测机构 55 家，检测协会会员 106 家；省级检测机构中具有司法鉴定资质的机构有 3 家，有 25 家资质条件较为完善的检测机构，在省住房和城乡建设厅监管信用平台实名注册的检测专业技术从业人员 1689 人，2021 年检测行业营业收入达 25.4 亿元。

安徽省在行业管理方面主要采取了如下措施：

第一，强化层级监督，每年对检测机构实施"双随机、一公开"监督抽查。2019 年 5 月，省住建厅印发《关于进一步加强建设工程质量检测机构管理工作的通知》（建质〔2019〕69 号），要求建立以"双随机、一公开"监管为基本手段，以重点监管为补充，以信用监管为基础的新型监管机制。2021 年 4 月、6 月两次开展检测机构"双随机、一公开"监督抽查。全面提高监管效能，加强建设工程质量检测事中事后监管，确保工程质量，重点加强对涉及公共安全的工程地基基础、主体结构等部位和竣工验收等环节的监督检查。各市（省直管县）住房城乡建设行政主管部门推行政府购买服务的方式，开展工程质量安全监督检查和第三方检测。

第二，加强信用体系建设，开展检测机构信用评价。省住建厅印发建质〔2019〕69 号文件，要求各市（省直管县）住房城乡建设行政主管部门大力推进检测机构信用体系建设，实行信用分级分类管理，规范检测市场秩序，营造公平竞争、诚信守法的市场环境。建立跨行业跨部门的信用评价结果关联共享制度，构建检测机构"一处失信、处处受限"的联合惩戒机制，提升检测行业治理能力，规范工程质量检测市场；依法将相关检测单位和人员受到的表彰奖励和行政处罚等信用信息予以公示，并建立红黑名单管理制度，实行守信激励和失信惩戒。

第三，资质和人员管理方面，实行检测人员持证上岗制度。全省统一培训教材和考试大纲。检测机构根据已有检测资质及动态核查结果，自主开展岗位培训和继续教育。培训考核合格人员由检测机构发放企业岗位证书，作为人员持证上岗的依据。合格人员名单报送地方主管部门备案。申请新成立或检测资质扩项的检测机构，按照资质标准的相关要求，其检测人员须进行理论知识考试和实际操作能力考核。检测人员能力的具体考试考核管理工作由各市（省直管县）住房城乡建设行政主管部门负责。要求检测机构应在"安徽省建筑市场监管公共服务平台"登记检测人员培训、考核动态信息，并对信息的及时性、真实性负责。

河 北 省

河北省为推动检测行业的健康发展，进一步转变工程质量检测监管理念，完善事中事后监管体系，统一规范事中事后监管模式，突出建设单位首要责任、强化检测机构主要负责人在岗情况的日常管理、落实见证取样送检制度、严厉查处违法违规行为、加强信用体系建设，建立了以"双随机、一公开"监管为基本手段，以信息化监管为主导，以信用监管为基础的新型监管机制。

第一，完善建设工程质量检测监管手段和内容。

全面推行见证取样样品全程监管化，保证"一个样品一个码"，流转轨迹上要求每一个送检样品，从工地到检测机构实时定位，人员负责方面要求只有通过能力评价、经实名认证、单位授权登记信息完整的见证、取样人员方可承担见证、取样和送检工作，从源头上保证样品的真实性。该项措施保证了在建工程项目都有专职人员参与过程管控、旁站见证和制样送样工作，提高了检测从业人员的专业素质，有效把控了检测样品的源头关口。

加强使用检测样品二维码唯一性标识，对所有见证取样建筑材料绑定或植入样品唯一性标识，完成现场见证取样并将样品送至检测机构。在执行检测样品二维码唯一性标识后，混凝土试块代做代养现象得到有效遏制，施工现场见证取样控制情况得到明显好转，检测机构现场收样情况基本杜绝，有效保证了检测样品的真实性和代表性。目前检测样品二维码唯一性标识工作已经全面铺开，所辖市（区）大部分也能够参照执行但未实现所有项目全覆盖。

第二，加强对各地区建设工程质量检测的巡查、督查力度。

为推行联合抽查，整合行政资源，最大限度减少对企业正常生产经营的检查和干扰，河北省住房和城乡建设厅会同省市场监督管理局联合组织开展全省建设工程质量检测机构专项监督检查。两部门分别选派行政监管人员、建设工程领域技术专家及部分地市监管人员随机搭配，联合组成 8 个检查组，对随机选择的 80 家检测机构进行了专项监督检查。检查内容着重突出两部门共同关注的工作重点，采取统一检查标准、突出检查重点、统一处理原则、加大处罚力度的方式，总体检查效果良好，达到了"1＋1＞2"的检查效果。

第三，组织全省建设工程质量检测行业技术交流活动，持续开展检测机构信用评价工作。

在河北省住建厅的领导下，全省建设工程质量检测行业进一步加强建设工程质量检测信息化建设工作，有效利用信息化手段，规范检测机构内部管理，保证检测质量，使用新型检测技术检测方法提高工程检测效率及检测数据的准确性，促进了检测行业健康发展。

为进一步规范建设工程质量检测机构检测活动，保障建设工程质量检测的真实性、准确性，保证工程质量管理的科学性，2021 年中国建筑业协会组织开展了全国建筑业 AAA 级信用企业（检测机构）评价工作，河北省 12 家检测机构进行了申报，省建设工程质量研究会驻各市办事处对申报资料进行了初审，并于 8～9 月选派省检测专业委专家对通过初审的 12 家检测机构进行了现场核查。经过专家初评、中国建筑业协会专家审定，河北省共评出了 AAA 级检测机构 5 家。此次信用评价工作，对倡导检测行业讲诚信、守自律起到了积极的推动作用。

第四，针对冬奥会提供个性化服务。

2021 年，为确保涉奥工程顺利完成，为奥运工程的顺利验收保驾护航，张家口市的检测公司攻坚克难，以服务奥运客户为中心，采取了服务奥运工程的特殊举措，保质保量完成了奥运工程质量检测任务。

第五，雄安新区建设工程质量检测管理工作高质量发展。

雄安新区规划建设局依据雄安新区工程项目建设计划，不定期组织建设单位、检测机构召开检测工作推进会，引导各检测机构根据项目建设需求，精准增加检测能力。

落实见证取样送检制度。严格执行见证取样和送检制度，禁止施工单位独自运送无封样措施的检测试样，建设或监理单位对取样、封样、送检实施见证并做好记录，不需要强制监理的建设工程由建设单位按照要求配备见证人员。

落实属地监管责任。在新区内开展质量检测业务的单位，应依法取得相应的检测资质，并在核准的检测范围内开展检测业务。

雄县、安新县、容城县三县的住建局、交通局、水利局、市场监督局要落实属地管理责任，按照部门职责强化对检测机构的日常监管。按照"双随机、一公开"要求，加大对辖区内检测机构的动态监管力度。

福 建 省

随着我国对建设工程质量管理的逐步规范以及对安全生产的更加重视，对建设工程质量检测工作的要求也越来越高，在此背景下，福建省对工程质量检测行业存在的问题及其形成原因有针对性地进行了改革和完善。

第一，加强建设工程参与主体责任，增强市场主体质量责任。

落实"委托方为建设单位"制度，使质量检测成为建设单位把控工程质量的重要抓手，从根源上解决检测市场供需双方目标相矛盾的现象。由建设（代建）单位与检测单位签订书面的"双方"合同，并由建设（代建）单位按时足额支付检测费用。检测机构于合同签订之日起 10 日内向工程所在地县级以上地方人民政府住房城乡建设主管部门备案。2021 年在厦门市建设局、财政局、发改委和国资委的联合发文（厦建规〔2021〕2 号-协）中，把市级财政投资重点项目的工程检测费列入项目常见二类费用清单。

第二，健全社会信用体系，促进市场主体自律行为。

建立检测机构资质（人员信用）的复核和行为监督制度，清理不符合要求的检测机构。福建省研究制定科学合理、切实可行的检测工作管理办法和检测机构资质标准，在资质管理层面上杜绝不符合条件、不具备能力的检测机构进入检测市场；建立机构资质的核查制度，从"人、机、料、法、环、测"等方面对已经进入市场的机构的能力进行核查，尤其是基于一些对工程质量安全举足轻重的参数，通过比对试验、抽查报告记录等方式对机构能力进行复核。此外，加强对检测机构的监督管理，规范从业行为，对监督检查结果进行通报，并纳入企业信用信息管理平台，对存在出具不实和虚假检测报告行为的机构依法惩处，营造公平有序的市场环境。建议对违规从业的检测人员建立黑名单制度，使其不得在同行业内继续任职。

第三，利用信息化手段加强建设工程质量检测的质量监管。

一是住建行政主管部门可通过建立建设工程检测信息管理系统，对检测机构实行统一监管。可要求监理和检测单位对取样和检测活动的关键节点采用现场拍照、录像等方式记录，并对影像资料存档，规定留存期限，确保检测过程可追溯。拍摄工程现场取样及检测活动视频，要重点针对见证取样中钢筋原材、钢筋接头、高强度螺栓、混凝土试块、混凝土芯样的取样及检测过程，地基基础静载检测、基桩高应变法、基桩钻芯法检测过程，混凝土结构实体检测（回弹、取芯）过程，幕墙门窗物理性能检测过程。相关重要信息可要求上传至检测信息管理系统，实现统一监管。对监管、监督抽查发现的违法违规行为，根据现有相关法律法规进行处罚。

二是建立检测机构信用机制，营造良好的社会监督环境，把违规企业的不良行为公之于众，让公众监督成为制约检测机构违法违规行为的主要力量，增加检测机构的违法违规成本，保证检测市场规范运作；建立有效的评价机制，鼓励检测机构加快技术进步和提高管理水平，实现优胜劣汰。

第四，发挥行业协会的自律与技术支持作用，规范检测行业行为。

政府主管部门对检测行业的管理，主要是宏观管理和建立公平、有效的市场机制，提高检测行业服务的质量，推进行业健康有序发展，而日常的具体管理工作交由行业协会来完成是更符合实际的做法。应充分发挥各地市检测行业协会的自律作用，依法建立健全行业自律规范、自律公约和职业道德准则，规范会员行为。对违反行业自律规范的会员，协会可以按照章程规定，采取相应的惩戒性措施。

质量检测是一项专业性强、种类繁多的专业技术活动，只有充分依靠业内的技术专家，才能够实现有效管理。协会可发挥其技术专家比较多以及专家更贴近工程现场的优势，积极支持和配合行政主管部门开展行业培训、行业诚信体系建设以及监督抽查等活动，规范检测行业行为，提升检验检测机构技术能力水平与从业人员整体素质。各地住房和城乡建设行政主管部门应对协会开展的活动进行指导、监督和支持，充分发挥协会的龙头带动和互联互通效应，实现行业资源共享、优势互补，共同推进工程检测行业高质量发展。

海 南 省

海南省住建部门在建设工程质量检测行业管理中，落实"双随机、一公开"监管办法，借助信息化、数字化手段，充分发挥行业协会作用，规范检测行为，提高检测水平，提升行业发展质量的同时，营造优良的营商环境。

第一，推进"互联网＋监管"模式。

海南省积极落实住房和城乡建设部工作部署，以服务行业发展为宗旨，以"科技助力监管+服务"为手段，以提高检测质量为目标，在"海南省建筑工程全过程监管平台"基础上建设检测监管信息系统，通过视频监控、检测数据自动采集上传、二维码及人脸识别认证、破型拍照、工程定位等技术手段，让检测工作过程做到抓铁有痕可溯源，防止伪造篡改检测数据、出具虚假检测报告，保证检测数据和检测报告的真实性，提升工程质量水平。住房和城乡建设部信息中心将"第二期全国智慧工地监管与标准应用培训班"放在海南举办，培训期间组织了建设工程质量检测信息化现场观摩会，向参会人员现场展示海南省建设工程质量检测信息化监管平台的建设和运行情况，受到与会人员的高度称赞和肯定，多个省市还专程来海南考察学习。

第二，行业监管行为法制化。

海南省发布了《海南省住房和城乡建设厅关于建筑领域检测行业"双随机、一公开"监管工作实施办法（试行）》《海南省住房和城乡建设厅关于印发〈海南省建筑领域检测机构监督检查指标清单和评分方法（暂行）〉的通知》等，全面推行建筑领域检测行业"双随机、一公开"监管工作。通过制定实施相关规章制度，让检查工作有理可据，有法可依。

根据抽检工作方案和检查评分表，检查组从资质动态核查、人员、仪器设备、试验场地、检测报告、检测行为等方面对检测机构进行检查评分。检查组通过软件系统随机抽选抽检对象和检查专家，抽选过程全程录像保存，确保公平、公正，对发现的违法违规行为严格处罚，并记诚信不良行为扣分；情节严重的还将列入诚信"黑名单"，限制其一年内不得承揽新的业务或吊销资质。

第三，检测行为标准化、规范化。

实行盲样盲检，确保检测结果公平公正。要求检测机构在收样、检测过程中实行盲样管理，收样人员不得将委托方及试件情况透露给检测人员，确保检测过程的公平、公正和检测结果的科学准确。同时，要求施工单位制作混凝土样品时，样品除有唯一性标识、成型日期、养护条件、强度等级的标记外，不得再做其他标记，检测机构对有其他标记的样品应拒收。

加强视频监控管理。视频监控是检测行为过程可追溯的重要措施，也是作为检测结果溯源的重要档案内容。检测机构视频监控应做到有效覆盖试验室区域内的所有试验设备，保障视频监控能有效监控试验全过程，视频影像保存不少于 3 个月的回访时效，确保检测行为的可追溯性。

原始记录格式标准化。海南省建设工程质量检测的原始记录格式内容各不相同，既不利于检测工作，也不利于监管工作。为此，在现有原始记录格式的基础上，依据检测规范标准的要求和海南省检测业务的实际情况，召集省内优秀检测机构和权威专家对 18 大类 150 多份原始记录模板多次进行修订、验证和完善，以实现原始记录格式统一。

检测合同统一化。制定海南省建设工程质量检测合同统一范本。下大力解决检测行业长期存在的霸王合同问题，指导合同签订双方防范因合同条款粗放、风险预防不明确、内容不合理等因素产生合同纠纷，避免检测企业签订合同时受到不公平条款约束，构建公平公正、良性发展的市场竞争环境。

开展全省建设工程质量检测机构能力验证工作。能力验证是对检测机构的能力持续符合资质认定要求进行验证和监督的有效手段，是检测机构检验自身检测工作的重要手段，客观上反映了检测机构能力建设和业务管理的水平。由海南省建设工程质量安全监督管理局牵头举办能力验证工作，体现了政府部门检测监管重点的转变，监管重点由解决检测机构是否做检测，是否存在弄虚作假行为等问题，提升为专注检测机构检测质量，规范检测行为，对进一步提升海南省建设工程检测行业的业务水平，具有重要的意义。

第四，发挥行业协会作用，加强行业自律，规范市场行为。

一是全面提升海南省建设工程质量检测从业人员技能水平，开展从业人员技术培训，制定从业人员培训管理办法，规范检测从业人员。二是持续动态调整检测收费参考价，与时俱进，为检测企业承揽业务提供公平竞争的依据。三是积极协调政府主管部门，对做大做好做强的检测企业给予一定的政策扶持，引导检测行业向积极向上的方向发展。四是对建设单位或施工单位恶意拖欠检测费用的建立上报机制。协调政府主管部门，对恶意拖欠工程检测费的建设单位、施工单位在诚信或者监管平台上予以登记，以维护检测市场的公平有序。五是协助政府主管部门制定相关管理规定、技术标准，积极组织专家参加检测机构抽查检查等。

北　京　市

第一，从立法层面加大违法违规行为查处力度。

2016年开始实施的《北京市建设工程质量条例》，明确了检测机构的质量检测责任，设计相当的罚则，采取罚款、暂停承接检测业务以及吊销资质证书等多种处罚方式，确保涉及工程质量检测的主要违法行为均有相应的惩治措施，改变违法违规成本过低，难以让违法违规者"肉疼"的问题。

第二，建立工程质量检测监管系统。

建立了工程质量检测监管系统，实时、全面汇总全市在建工程质量检测数据，实现参建各方主体共同参与的全方位监管。增强面向工程项目的数据可用性，实现检测报告电子化，实现不合格信息智能推送，完善检测监管预警指标，实施智能、精准、高效的检测事中事后监管。

第三，建立不合格检测数据预警机制。

建立了不合格检测数据预警机制，即通过北京市建设工程质量检测监管系统，对工程不合格检测数据进行预警，并将预警结果通知工程监督机构。要求监督机构实施跟踪处理，同时对混凝土不合格检测数据所属工程的预拌混凝土供应企业进行重点监管，每个季度定期对预警工程进行通报，提高了工程质量风险防控水平。

第四，加强工程质量影像追溯管理。

一是要求检测机构混凝土试件抗压强度、钢筋（含焊接与机械连接）拉伸和保温材料试验留存视频资料；二是监督机构采取巡查的方式，加强对视频监控录像的监督检查。

第五，创新开展检测工作能力验证工作。

采取检测结果核查的方式，在监督检查时，从检测机构留存的样品和已完成的工程实体检测项目中，随机抽取，由第三方检测机构进行复测，将复测结果与原检测结果比较后，评定其检测结果的准确性。

重　庆　市

第一，以 AAA 信用企业评审工作为抓手，不断优化评选程序，完善评审制度，树立先进典型，引导会员单位加强诚信管理。

第二，按照重庆市住建委党组《进一步发挥行业协会作用　助推住房城乡建设高质量发展实施方案》（渝建委党〔2022〕9 号）和《重庆市房屋建筑和市政基础设施工程质量检测信用管理办法》的要求,在行业主管部门的指导下,组织编写《重庆市建设工程质量检测行业自律公约》《重庆市建设工程质量检测试验成本要素分析》,努力构建诚信、守法、规范的行业行为体系,促进行业持续健康发展。

第三,持续加大行业培训力度,以提高检测从业人员管理水平和技能水平、建立一支适应检测行业可持续发展的高水平人才队伍为目的,开展行业精准培训。优化培训内容,将诚信经营、职业道德教育纳入培训的重要内容,推动检测人员业务素质和综合能力总体提升。

安 徽 省

2019 年安徽省住建厅印发《关于进一步加强建设工程质量检测机构管理工作的通知》(建质〔2019〕69 号),要求各市(省直管县)住房城乡建设行政主管部门应大力推进检测机构信用体系建设,实行信用分级分类管理,规范检测市场秩序,营造公平竞争、诚信守法的市场环境。应建立跨行业跨部门的信用评价结果关联共享制度。构建检测机构"一处失信、处处受限"的联合惩戒机制,提升检测行业治理能力,规范工程质量检测市场。应当依法将相关检测单位和人员受到的表彰奖励和行政处罚等信用信息予以公示,并建立红黑名单管理制度,实行守信激励和失信惩戒。

湖 南 省

湖南省建设工程质量安全协会近年组织开展了两次全省建设工程质量检验检测机构信用评价工作。2019 年参与信用评价的单位共计 123 家,通过对参评企业进行综合评价,评选出 AAA 级信用企业 25 家,AA 级信用企业 43 家,A 级信用企业 48 家,B 级信用企业 7 家。行业协会组织开展信用评价并向社会公开发布评价结果,是加强行业自律的重要手段,对于促进"市场"和"现场"联动,推动检测行业的持续健康发展起到了重要作用。

四 川 省

四川省通过建立完善质量检测信用评价与市场联动机制,强化检测机构和工程参建单位的质量主体责任,依据参建主体的信用水平,实施差异化监管,对信用差的单位,纳入重点监管名单或"黑名单",提高检查频次,严厉打击工程质量检测违法违规行为,维护工程质量检测市场公平竞争环境,切实保障房屋市政工程质量安全。

2021 年,在全面梳理检测机构和人员信用管理取得成效及存在问题的基础上,四川省住房和城乡建设厅对《四川省建设工程质量检测机构检测人员信用管理暂行办法》进行修订,增加了信用等级划分标准,将检测机构和人员信用划分为 A、B、C、D 级,加大对出具虚假检测报告等重大失信行为的惩戒力度。建立起"四川省建设工程质量检测机构及检测人员诚信管理平台",强化守信激励失信惩戒导向,规范检测市场秩序,促进了行业健康发展。

宁夏回族自治区

2018 年，宁夏回族自治区住房和城乡建设厅印发了《宁夏回族自治区建设工程质量检测机构信用评价管理办法（试行）》（宁建规发〔2018〕15 号），组织开展检测机构信用评价工作，其中在 2019 年、2020 年、2021 年，全区分别有 5 家、8 家、10 家检测机构获得 AAA 级检测机构信用评价结果认定。为了进一步规范检测市场，营造诚信经营的氛围，宁夏回族自治区建设工程质量安全总站发文建议政府投资工程优先选用 AAA 级检测机构，宁夏回族自治区住房和城乡建设厅也将在检测机构资质延期等工作中，对检测机构信用评价认定结果进行使用，开通 AAA 级信用等级检测机构资质延期绿色通道，进一步鼓励检测机构创优争先。

在质量检测行业监管工作中，宁夏回族自治区在完善信用评价基础上，通过对不同信用等级检测机构的差别化监管，提高检测机构的信用诚信意识，提升行业监管效率。一是完善加强宁夏回族自治区检测机构诚信体系建设，按照《宁夏回族自治区建设工程质量检测机构信用评价管理办法（试行）》，推进全区检测机构信用评价工作，应用信用评价认定结果，引导鼓励工程建设单位选择检测机构时，注重检测机构诚信等级和诚信业绩的考核。二是建立守信奖励和失信惩戒机制，强化差别化监管，对于具有诚信行为、诚信等级高的检测机构，各级建设行政主管部门应在检测机构的资质增项、资质延期、表彰评优等工作中，依法对诚信行为给予激励；对于具有失信行为、诚信等级低的检测机构，各级建设行政主管部门应将检测机构纳入重点监管企业名单，在检测机构资质增项、资质延期时进行重点审查，并在必要时增加现场审核；对重点监管的检测机构以及其承揽的检测项目，加强日常监督检查，引导企业重视和培养诚信意识，强化诚信在检测行业中的作用。

新疆维吾尔自治区

近年来，新疆维吾尔自治区采取多项举措，推进质量检测行业发展。建立健全检测行业信用评价体系，"新疆工程建设云平台"现已覆盖包括施工、设计与施工一体化、勘察、监理、招标代理、造价咨询、施工图审查、设计、工程质量检测等共 8752 家企业。其中，工程质量检测机构已完成实名制入库工作，入库率达到 100%。

附录 Ⅲ　部分地区建设工程质量检测机构规模情况

上　海　市

2021 年度，上海市建设工程检测行业协会会员单位中共有对外承接建设工程检测业务的本市检测机构 143 家，从登记注册类型看，事业单位有 1 家，国有企业有 2 家，股份合作制企业有 1 家，有限责任公司有 43 家，私营企业有 95 家，外商投资企业有 1 家；从检测业务看，从事见证取样检测的 78 家，地基基础检测的 57 家，主体结构检测的 73 家，钢结构检测的 38 家，建筑幕墙检测的 7 家，具有公路、水运等其他资质的机构 132 家；从机构规模看，注册资金在 500 万～1000 万元的有 45 家，1000 万元以上的有 48 家，100 万～500 万元的有 50 家；从人员构成看，检测机构期末从业人员合计 10625 人，其中硕士及以上学历总人数为 1153 人，占比 10.85%，高级职称人员同比增加 9.88%；2021 年，上海市建设工程检测合同信息报送 16526 份，实现业务收入合计 36.52 亿元，户均为 2553.85 万元。

河　北　省

河北省 14 个市、区具备省建设工程质量检测资质的检测机构共计 469 家，石家庄市 84 家、唐山市 54 家、保定市 58 家占大多数。其中，有见证取样检测资质的机构 374 家、有主体结构检测资质的机构 258 家、有使用功能检测资质的机构 277 家、有室内环境检测资质的机构 162 家、有建筑节能检测资质的机构 198 家、有地基基础检测资质的机构 147 家、有钢结构检测资质的机构 165 家、有建筑幕墙检测资质的机构 30 家、有建筑智能化检测资质的机构 8 家。2021 年，河北省检测监管平台接收上传的检测报告总量为 2254632 份，营业收入 25.6 亿元。

河北省检测机构从业人员共 25418 人，其中，从事见证取样检测的 9693 人，从事主体结构检测的 7565 人，从事地基基础检测的 4094 人，从事使用功能检测的 7997 人，从事建筑节能检测的 6594 人，从事室内环境检测的 4467 人，从事钢结构检测的 4683 人，从事建筑幕墙检测的 1111 人，从事建筑智能化检测的 56 人。从检测人员技术职称来看，专业技术人员 25418 人中，拥有副高及以上职称的人员 1550 人，占比 6.10%；拥有中级职称的人员 4817 人，占比 18.95%；中高级技术人员占比合计 25.05%。从人员年龄分布看，30 岁及以下人员 7234 人，占比 28.46%；31～40 岁人员 10993 人，占比 43.25%；41～50 岁人员 4275 人，占比 16.82%；51～60 岁人员 2153 人，占比 8.47%；60 岁以上人员 763 人，占比 3.00%。可以看出，40 岁及以下检测人员占比达到 71.71%，检测从业人员趋向年轻化。

内蒙古自治区

截至 2021 年底，内蒙古自治区共有各类建设工程质量检测机构 165 家，按照检测资质类别区分，具备见证取样检测资质的机构 141 家、地基基础检测资质的 20 家、主体结构检测资质的 61 家、建筑幕墙检测资质的 5 家、钢结构检测资质的 25 家、其他专项检测资质的 48 家。检测机构地域分布基本能够全覆盖自治区的 12 个盟市和 103 个旗县区，检测机构的技术能力也能满足各地区建设工程质量检测的要求。

内蒙古自治区建设工程质量检测机构目前仍隶属于原各级住建主管部门或质监站、后脱钩转制的检测公司为主，社会投资新成立的检测公司占比较少。检测机构整体技术能力偏低，跨行业的大型综合检测机构少，特别是旗县区的检测机构大多检测技术能力较弱，仅能满足工程建设检测基本需求，资质业务可供选择的服务内容较少，不能够满足工程施工和质量验收的常规检验检测需求。部分检测机构存在仅对某类产品容易获得认证的非关键检测参数进行检测，缺少该类产品的关键检测参数。

湖　南　省

截至 2021 年，湖南省建设工程质量检测行业共拥有见证取样、主体结构、钢结构、地基基础、建筑幕墙等五大类检测资质，拥有相关检测机构 320 家。随着行业的发展，检测机构逐步由小规模、单一化向综合性、集团化方向发展，如湖南省建设工程质量检测中心、湖南联智科技股份有限公司、湖南中大检测技术集团有限公司、湖南湖大土木建筑工程检测有限公司等行业知名企业综合实力强，营业收入和技术能力突出，逐步成长为行业领军企业。行业内优秀检测企业在立足传统工程质量检测的同时，开始涉足智慧检测和健康监测领域，并在智能建筑、智慧交通、智慧城市、智慧能源等多领域拓展推广，为推动省内检验检测产业链高质量发展汇聚了强大合力。

云　南　省

云南省参与调研的检测机构共 249 家。从机构的登记注册类型看，国有企业检测机构 124 家，占机构总量的 50%；民营检测机构 120 家，占机构总量的 48%；其他类别检测机构 5 家，占机构总量的 2%。获得 CANS 认证的检测机构 3 家。从机构规模看，大部分检测机构的注册资金都在 100 万～1000 万元，这部分机构有 202 家，占比 81%；注册资金 100 万元以下的机构有 29 家，占比 12%；注册资金在 1000 万元及以上的机构有 18 家，占比 7%。从检测机构资质情况看，获得三体系认证（质量体系认证、环境体系认证、职业健康与安全管理体系认证）的机构有 38 家，获得信息技术体系认证的机构有 1 家。从检测机构可开展的检测类别上看，91.2% 的机构可开展主体结构检测，84.7% 的机构可开展见证取样检测，50% 以上的检测机构可开展的检测类别还有：建筑电气、建筑物沉降及变形、地基基础、给排水采暖、钢结构、公路市政，可开展幕墙门窗、水利工程、建筑智能化检测的机构相对较少。从检测机构的业务状况看，大部分检测机构的合同总额在 500 万元以下，共 183 家，500 万～1000 万元的机构 30 家，1000～2000 万元的机构 16 家，营业额在 2000 万元及以上的机构 20 家。从人员结构看，249 家机构共有检测技术人员 7747 人，平均每家检测机构约为 31 人；具有初级职称的人员占比为 25%，中级职称的人员占比为 23%，其他人员占比 52%。

贵 州 省

2021 年，贵州省建设工程质量检测机构（持证）共计 207 家，营业收入 98014.3 万元（占建筑业总产值的 2.14‰），纳税 5422.8 万元，净利润 823.8 万元；检测机构房屋总面积 409986m²，其中实验室面积 242404m²；拥有仪器设备 60056 台（套），设备固定资产原值 102456.7 万元。

2021 年期末，贵州省建筑检测行业共有从业人员 6966 名，其中，检测人员（持证）4277 名，占从业人员的 61.40%；工程师 1840 人，占从业人员的 26.41%；高级工程师 789 人，占从业人员的 11.33%；注册岩土工程师 124 人，注册结构工程师 156 人。全省检测机构平均从业人员数量为 33.7 人/家，平均持证检测人员数量为 20.7 人/家。

贵州省质量检测行业各地市区域发展不均衡。从检测机构数量看，贵阳的检测机构数量最多，占比 36.7%；其次是遵义，占比 14.5%；两个地区的检测机构数量与全省建筑业总产值分布图相一致。

从检测机构资质看，建筑工程质量检测项目除了基本的见证取样检测外，最主要的就是主体结构和地基基础检测，而这 2 项最基本的检测项目在全省的分布也极不均衡。贵阳、遵义这些拥有较多检测机构的地区拥有的专项检测资质也较多且较齐全，和该地区建筑业总产值比较吻合，尤其是全省拥有建筑幕墙专项检测资质的机构集中在贵阳、遵义、黔南 3 个市州、全省拥有钢结构、室内环境、建筑幕墙 3 个专项检测资质的检测机构数量偏少，且主要集中在贵阳和遵义两个市，主要原因是该 3 项专项资质专业性强、人员素质要求高，且对仪器设备和场所投入要求高。黔东南州的 18 家检测机构，只有 8 家机构拥有主体结构检测的专项资质，同时拥有见证取样、主体结构、地基基础检测资质的机构仅 4 家，机构能力水平有待提高。安顺市的 12 家检测机构中，只有 5 家机构拥有主体结构检测的专项资质，同时拥有见证取样、主体结构、地基基础检测资质的机构仅 3 家。

从营业收入看，2021 年贵州省建设工程质量检测机构的年营业收入总额为 98014.3 万元，上缴税收 5422.8 万元，税后净利润总额仅有 823.8 万元；各市州检测机构的年营业收入差距较大，其中，贵阳的年营业收入、上缴税收均超过了全省总额的 60%，2021 年全省有毕节、黔东南、六盘水、安顺、铜仁、黔西南 6 个市州的检测机构净利润总和为亏损。

从检测机构的人员分布情况看，全省 207 家检测机构从业人员平均数为 33.7 人/家，低于平均数的机构有 148 家，机构人数低于 20 人的有 93 家，占比 44.9%；检测机构持证人员平均数为 20.7 人/家，低于平均数的机构有 142 家，占比 68.6%；检测机构拥有工程师及以上职称人员平均数为 12.7 人/家，低于平均数的机构有 145 家，机构拥有工程师及以上职称人员人数低于 20 人的有 176 家，占比 85.0%。以上数据说明，贵州省检测机构中的小企业过多，其特点是从业人员少，持证技术人员少，中高级人才匮乏，检测实力不足，检测能力亟待提升。

甘 肃 省

甘肃省目前有 238 家建设工程检测机构，其中，国有企业 46 家，民营企业 192 家；在兰州注册的机构有 77 家，占全省检测机构的 32.4%；拥有甲级检测资质的机构 33 家，拥有乙级检测资质的机构 147 家，拥有部分甲级检测资质、部分乙级检测资质的机构 58 家。全省年检测业务的市场体量在 10 亿元左右，甘肃省建筑科学研究院（集团）有限公司有 4 家参与检测业务，市场体量在 1 亿元左右，占全省市场份额的 10%左右，其中甘肃土木工程科学研究院有限公司 2021 年的检测业务合同额为 8500 万元。

甘肃省民营检验检测机构近年来获得了快速发展。民营检验检测机构数量占机构总量的比重为 80.7%，检验检测市场的格局正发生结构性改变，但"小、散、弱"的基本面貌仍未改变。从机构规模上看，大多数检验检测机构从业人数在 50 人以下，规模偏小。技术力量强、示范作用大的大型综合检测机构相对较少，中低水平检测机构偏多，检测技术力量较为薄弱，特别是一些偏远地区的检测机构技术水平较低，实验室建设不规范。从开展业务的地域范围看，大多数检验检测机构仅在本市区域内开展检验检测服务，属于"本地化"检验检测机构，缺乏在全国开展服务的能力。

新疆维吾尔自治区

随着新疆维吾尔自治区基础设施建设步伐的持续加快，对建筑行业工程质量检验、检测需求的不断增加，新疆维吾尔自治区建设工程质量检验、检测服务业迅速发展，检测的市场化概念从无到有，工作类型由单一到综合，行业规模不断扩大。

截至 2021 年底，新疆维吾尔自治区（含新疆生产建设兵团）行政区域内共有建设工程质量检测机构 221 家。持有检测试验员岗位证书人员超过 1.2 万人，其中，拥有高级职称的人员约占 3.1%，拥有中级职称的人员约占 13.1%。221 家建设工程质量检测机构中，可从事建筑材料见证取样检测的机构为 126 个，可从事主体结构工程现场检测的机构为 38 个，可从事钢结构工程检测的机构为 12 个，可从事地基基础工程检测的机构为 31 个，可从事建筑幕墙工程检测的机构为 4 个，可从事室内环境检测的机构为 51 个。

2000 年初，随着国有事业单位改革，新疆维吾尔自治区建设工程检测行业开始了检测机构公司制、股份制改革。随着检测市场的放开，大量检测机构应运而生，形成了检测市场的多元化发展。此外，由于工程质量检测业务本身需要大型的检测设备、新疆地域广阔、样品检测有明确的时效性要求，叠加上交通运输成本、运营成本使得检测工作难以跨地区开展，从而确定并逐渐形成了新疆各地方行政区域内建设工程质量检测市场的独立性。